■国家自然科学基金青年基金项目（51508127）
高等学校博士学科点专项科研基金资助课题（20122302120060）

美国容积率调控技术的
体系化演变研究

RESEARCH ON SYSTEMATIC DEVELOPMENT OF AMERICAN
FAR REGULATION TECHNIQUES

戴　锏　路郑冉　著

U0349522

中国建筑工业出版社

图书在版编目（CIP）数据

美国容积率调控技术的体系化演变研究/戴铜，路郑冉
著 .—北京：中国建筑工业出版社，2016.9
ISBN 978-7-112-19785-9

Ⅰ.①美… Ⅱ.①戴… ②路… Ⅲ.①居住区-城市
规划-研究-美国 Ⅳ.①TU984.712

中国版本图书馆 CIP 数据核字（2016）第 214760 号

　　我国当前的城市建设形势类似于 1950 年代末的美国。当时美国正值二战以后
的经济稳步发展时期，人口迅速增长，城市中面临着大量的建设与改造需求，美
国的城市规划体系在实施管理方面作出了很多重大改革，其中最重要的一项改革
措施是更换开发强度的控制方式，使用"容积率"代替原有"高度与街道比例"
的控制模式。我国最早应用"容积率"指标是在 1990 年代初，是与美国区划控制
体系一起被引入到我国规划体系中的，由于当时我国的城市规划体系保留了部分
计划经济色彩，对"容积率"指标的使用偏重于"技术编制"。本书选择再探美国
的"容积率"指标的管理方法，研究定位于容积率的弹性调整技术，试图通过对
美国容积率弹性控制技术的系统分析与经验归纳，提出对我国容积率管理改革的
若干思考。

责任编辑：李　鸽　毋婷娴
责任设计：谷有稷
责任校对：王宇枢　姜小莲

美国容积率调控技术的体系化演变研究
戴　铜　路郑冉　著
＊
中国建筑工业出版社出版、发行（北京西郊百万庄）
各地新华书店、建筑书店经销
北京佳捷真科技发展有限公司制版
北京云浩印刷有限责任公司印刷
＊
开本：787×960 毫米　1/16　印张：14　字数：254 千字
2016 年 12 月第一版　　2016 年 12 月第一次印刷
定价：**45.00** 元
ISBN 978-7-112-19785-9
　　　（29323）

前言

古语有云："他山之石，可以攻玉"。我国的城市规划体系就是在不断借鉴国外先进的规划理论与管理经验的基础上建立并发展起来的。近期国务院下发的《中共中央、国务院关于进一步加强城市规划建设管理工作的若干意见》指出，在城市规划工作中应该"加强空间开发管制，划定城市开发边界，根据资源禀赋和环境承载能力，引导调控城市规模，优化城市空间布局和形态功能，确定城市建设约束性指标。按照严控增量、盘活存量、优化结构的思路，逐步调整城市用地结构，把保护基本农田放在优先地位，保证生态用地，合理安排建设用地，推动城市集约发展。"这使得再一次学习国外先进的城市建设管理经验显得非常必要。美国 1950 年代末开始的城市更新运动是美国城市发展史上的转折点，促使当时美国规划体制进行多项重大改革，其中最具代表性的当属"容积率"的提出与容积率管理体系的建立，到目前已经形成较为完善的容积率管理制度。相比较之下，由于"容积率"指标在我国规划体系中引入与应用时间较短，因而无论是理论研究还是实践管理都存在一定的改进空间。本书即以美国容积率管理体系中的调控技术为研究对象，通过对美国容积率调控技术发展历程的梳理，分析技术发展的系统化趋势，建构技术的体系框架，提炼可以用于推广的容积率调控技术产生和发展条件，旨在健全我国的城市规划实施管理机制，为我国容积率的控制与调整方法改革提供参考。

本书围绕着美国容积率调控技术的发展与演化展开，遵循"认识技术—分析技术—总结技术—应用技术"的研究思路。首先，以认识美国容积率调控技术及技术的发展历程为研究起点。美国容积率调控技术是一种在传统区划控制基础上发展出的容积率调整方法，以容积率的市场流通为主要操作途径，通过容积率红利、容积率转移、容积率转让、容积率储存四种调控方法，来实现"存量"发展地区的空间优化配置。按照发展的时间脉络，美国容积率调控技术可划分为 1961 年以前的容积率调控技术产生期、1961～1970 年高密度建设环境下的容积率调控技术探索期、1971～1980 年历史文化复兴条件下的容积率调控技术融合期、1980 年至今可持续发展理念下的容积率调控技术成熟期四个发展阶段。其次，在认识容积率调控技术的基础上，从空间范围、技术本身、控制框架、管理框架四个方面对容积率调控技术进行全面分析，发现随着社会经济环境的变化，调控技术表现出层级化、复杂化、独立化、综合化的趋势，符合系统论中一个完整系统所应具备的基本特征，因而得出本书的结论之一，美国容积率调控技术的发展是一个从个案到系统的演变过程。再次，构建容积率调控技术的体系框架，阐明体系框架的基本结构是由基本技术元素与技术之间的秩序共同组成。在此基础上，通过积极与消极两个方面对美国容积率调控技术体系的实施进行综合评价，归纳出可进行推广的条件，即只有符合市场经济、公私合作、容积率可以流通三个基本条件才能建立容积率调控技术体系，只有具备持续的市场需求、适合的实施计划以及广泛的社会支持才能良好地运作技术体系，作为本书的结论之二。最后，在结语部分讨论了我国应用容积率调控技术的需求与可行性。

目 录

第1章 绪 论

1.1 课题综述

1.1.1 研究背景

从古至今，我国历来都有向他人虚心学习的传统观念，"三人行必有我师焉，择其善者而从之，其不善者而改之"……回顾我国城市规划体系过去的60年，不难发现，我国现代城市规划体系的建立与发展，无时无刻不受到中国古代先贤哲学思想的影响。我国的城市规划体系大致上经历了1950年代的创建期、1960～1970年代的停滞期、1980年代的全面恢复期以及1990年代以来的创新期等几个阶段，在每个阶段的发展过程中都有不同程度的国外先进理论与经验的引入与借鉴。首先，从新中国成立初期到改革开放之前，城市规划体系刚刚建立，缺少本土化的规划理论作指导，城市规划工作主要参照苏联规划模式进行，聘请苏联规划专家来华工作、翻译出版大量的苏联规划书籍，借用苏联规划标准制定我国的城市法规，确立了技术与政治相结合的社会主义规划模式[1]。1980年代改革开放以后，在邓小平建设有中国特色社会主义理论的指导下，内地在借鉴香港地区土地使用权出让制度的基础上，开始实行适用于市场经济体制的国有土地使用权有偿转让制度，确立了"两轨（行政划拨、有偿使用）、三式（协议、拍卖、招标）"并存的开发制度。进入1990年代以后，土地开发市场空前活跃，为了适应土地制度改革与土地商品化，我国将城市规划体系的工作重心转向"促进经济建设和社会的全面协调可持续发展"，在借鉴美国区划（zoning）的基础上，结合我国的发展现实，创立了规划区划融合型的开发控制体系——以控制性详细规划为主体的开发控制模式[2]，使我国的城市规划体系发展又向前迈进了一大步。

由此可见，我国现代城市规划体系就是在不断的"拿来与借鉴"中成长起来的。如今，我国进入了一个全面变革的新时期，社会经济体制转型、城镇化进程加快，越来越多的城市面临土地资源难以为继的现象，城市中的可建设用地越来越少，城市建设模式逐渐从"粗放型"转向"集约型"，城市建设的重点也随之从"二维"土地层面转向"三维"空间层面，这一切的变化都为我国城市规划工作提出了新的挑战。1996年国务院下发的《国务院关于加强城市规划工作的通知》中规定："城市规划工作的基本任务，是统筹安排各类用地及空间资源、综合部署各项建设，实现经济和社会的可持续发展[3]。"2016年国务院下发的《中共中央、国务院关于进一步加强城市规划建设管理工作的若干意见》中所确定的城市规划工作总体目标为"实现城市有序建设、适度开发、高效运行，努力打造和谐宜居、富有活力、各具特色的现代化城市，让人民生活更美好。"那么，面对这个瞬息万变的新时代，如何在最短的时间内获得更多行之有效的新思想与新方法来实现这一目标呢？基于上述我国规划体系发展的历史传统，最佳答案仍是"拿来与借鉴"。我国当前的城市建设形势类似于1950年代末的美国。当时美国正值二战以后的经济稳步发展时期，人口迅速增长，城市中面临着大量的建设与改造需求，《住宅法》的出台标志着美国进入了一个全面的城市更新阶段。在这样一个转折时期，为了适应时代的步伐，及时导控市场开发，美国的城市规划体系在实施管理方面作出了很多重大改革，其中最重要的一项改革措施是更换开发强度的控制方式，使用"容积率"代替原有"高度与街道比例"的控制模式，使空间配置方式更为明确，空间容量的特性更为突出，经过若干年实践应用，积累了丰富的管理经验。我国最早应用"容积率"指标是在1990年代初，是与美国区划控制体系一起被引入我国规划体系中的，由于当时我国的城市规划体系保留了部分计划经济色彩，对"容积率"指标的使用偏重于"技术编制"，因此到目前为止，在我国的容积率控制与管理中出现了部分控制方式单一、容积率超标等与市场经济体制不兼容的现象。为了能够提高探索适应我国当前经济与社会形势的规划新思路、新方法的效率，本书选择再探美国"容积率"指标的管理方法，研究定位于容积率的弹性调整技术，试图通过对美国容积率弹性控制技术的系统分析与经验归纳，提出对我国容积率管理改革的若干思考。

1.1.2　目的与意义

1. 研究目的

本书主要通过认识美国容积率调控技术及技术的发展历程来分析美国实施容积率调控技术过程中所形成的演化规律，为我国的容积率管理改革提供参考依据。综上所述，本研究的主要目的如下：

（1）全面认识美国容积率调控技术：历史是一个哲学命题，存在过去、现实和未来三个向度，过去由于发展而演变为现实，现实又由于矛盾运动而发展到未来[4]，仅站在某一点上观察事物无法认识事物的全部。因而如果仅从某个局部分析容积率调控技术，无法呈现出容积率调控技术的全貌。本书以现实为起点，通过回顾历史，全面认识美国容积率调控技术的发展与演化历程，分析容积率调控技术在不同阶段所表现出的特征，力求全面认识美国容积率的调控技术。

（2）分析美国容积率调控技术发展中所形成的演化规律：美国城市规划的编制与管理集中于地方政府，因而容积率的控制方式具有高度的分散性，加上与容积率调控相关的影响因素十分庞杂，难以建立系统化的容积率调控观念。本书试图在认识容积率调控技术发展历程、分析发展特征的基础上，从系统论的角度出发，分析美国在实施容积率调控技术过程中所形成的演化规律，构建容积率调控技术的体系框架。

（3）提出实施容积率调控技术可以推广应用的条件：在对历史的研究中，现实对过去起着支撑作用，人们研究过去，不是为了回到过去，而是为了指导现实与展望未来[4]。虽然中美两国容积率管理的所有制结构、经济基础、政策环境等均不相同，但容积率调控技术应用过程中所形成的演化规律却是可以借鉴应用的，本书立足于解决城市建设中开发与资源保护的矛盾，从美国容积率调控技术的演化规律中提炼出若干可以推广应用的条件，为解决我国城市建设中的现实问题提供解决途径。

2. 研究意义

容积率调控技术的产生与发展存在于美国特定的实施环境中，虽然历史不能复制，但经验却可以推广，即使我国现阶段可能不具备直接"拿来应用"的制度条件，但是随着市场经济体制的发展，我国的规划管理体系必然走向规范化与法制化，这就需要大量的先进经验作为理论基础，正如周干峙院士指出的那样："正确的历史经验必须有长期的、反复的实践才能取得，要做好一件事情，特别是没有做过的比较复杂的事情，必定要有一个总结经验的过程。"[5]因而，系统化地研究美国容积率调控技术的发展与演化，对未来具有一定的指导意义。

（1）学科建设意义："三分设计、七分管理"一直是城市规划所应具有的基本特征，但迄今为止，我国的城市规划体系普遍存在"重设计、轻管理"现象，对容积率的控制偏重于静态化的技术编制，缺少动态的管理调控，因而现实中容积率指标缺乏对开发市场的应变能力，加上一些地方城乡规划管理不规范、监管不到位[6]，致使最初的规划设计目的难以全部实现。容积率的控制过程中受到社会、经济、环境等多方面因素的影响，其结果又作用于社会、经济及环境等方面。一套行之有效的实施管理技术不仅能够提高容积率的控制效率，更能够提高空间形态的建设品质。本课题致力于研究美国容积率调控技术体系的发展与演化规律，旨在为我国的容积率管理提供改革依据，提高容积率管理体系的动态调节性，表现为容积率指标制定中的环境适应性，控制过程中的设计方案一致性，容积率调控过程的利益协调性等，将原有的管制型手段转化为市场调控型手段，健全我国城市规划实施管理框架。

（2）现实指导意义：目前在我国新区开发的热潮已经减退，城市建设逐渐从"二维"的土地控制转向"三维"的空间管理，进入了城市存量空间的更新阶段。在这种情况下，城市建设的参与主体更为多元，开发建设中的利益冲突更为突出，因此学习美国容积率调控技术的实施经验，将为解决我国现实中出现的各种城市开发与资源保护的矛盾问题提供参考方案。首先，容积率调控设计有助于协调多方利益，促成参与主体的多赢局面。利用容积率的经济属性进行利益补偿，一方面，可以扭转开发主体由于参与公共物品建设而引起的利益损失，提高开发商的参与积极性；另一方面，可以减少政府对公共设施建设投入的公共资金，减轻政府财政负担；再者，可以满足公众利益，建设足够的公共服务设施。其次，容积率调控通过容积率在存量空间的"流通"可以更好地整合空间资源，优化空间配置，促进空间建设的良性循环。

1.2 切入点与基本概念

1.2.1 研究切入点

在高度市场化的美国社会中，几乎一切事物都以市场价值作为基本的衡量标准，空间亦是如此。19 世纪末 20 世纪初，工业化的到来促使美国社会生产力快速发展，城市进入大规模立体开发时期，高速公路、高架铁路、空中走廊、地下街、给水排水管道等立体建设项目陆续出现，随之空间的独立属性开始受到关注，美国财产法中设立了"空间权"来保护空间的财产价值。因而，在美国的社会观念中，无论是城市或是乡村、自然或是人工环境，空间都被视为一种与土地相分离的、可以流动的、特殊的"不动产"，与一般商品一样，可以增值，可以交易，也可以抵押。

基于这个将空间作为"不动产"的认知前提，作为空间容量的控制指标，容积率可以被视为空间财产价值的衡量指标，由此确定出本书的研究角度，即建立容积率的流通观，将美国规划体系中的容积率指标看作是一种进行市场交易的空间"货币"，流通于不同性质的空间范围，并以此为研究切入点，研究在美国各城市的规划管理中，是通过采用何种调控手段来实现容积率流通的？这些调控手段实施过程中又需要具备哪些条件？容积率在不同层面的空间中流通之后又达到了何种效果？带着这些问题展开本书的研究工作。

1.2.2 基本概念

（1）容积率："容积率"是一个空间容量指标，用于衡量空间的开发强度。"容积率"在我国的规划管理体系中，是对"Floor Area Ratio（FAR）"的中文释义，直接等同于美国规划体系中的"楼地板面积指数"，是指单位地块中建筑面积与用地面积的比值。这种译法最初并不是在我国产生，主要原因是我国在改革开放前主要参考苏联的规划指标体系，并没有"容积率"一词，改革开放以后，在参考日本及我国台湾地区的翻译后，将 FAR 直译为"容积率"。1987 年，在城乡建设环境保护部颁布的《民用建筑设计通则》（JGJ 37—87）中正式列入了"建筑容积率指标"，1990 年在国家编制的《城市居住区规划设计规范》（GB 50180—93）中又一次正式确立了"容积率"的核心指标地位。但事实上，美国在规划管理中对空间容量的表达方式不止于"楼地板面积指数"一种，其他的如"楼地板空间指标（Floor Space Index）"、"地段率（Plot Ratio）"、"建筑密度（Density）"都可以作为开发强度的衡量方式，都可以理解为是"容积率"。因而，为了表达清晰，本书将美国开发控制体系中能够表述为代表空间容量衡量标准的所有指标统称为"容积率"。

（2）容积与建筑面积：与"容积率"概念直接相关的另一个概念是"容积"，"容积"是对空间容量的衡量指标，美国规划体系中称为"Floor Area"，直译为"楼地板面积"，也就是我国规划控制体系中的"建筑面积"。"容积"的译法与"容积率"相对应，也来源于日本及我国台湾地区。

（3）容积率调控："容积率调控"是本书提出的对美国规划控制体系中与容积率调整相关的所有方法的整体概括。"调控"一词具有"控制"与"调节"的双重含义，其中控制是刚性的、不能轻易改变的，调节是弹性的、可以不断更新的，这与美国的规划管理方式十分契合，有助于本书对美国容积率管理方法研究的全面展开。容积率调控是一种动态管理方法，是指利用容积率的经济属性，在政府对开发强度刚性控制的基础上，将容积率作为一种利益诱因，对存量地区的容积率进行二次协调的调整方法。

1.3 研 究 概 况

1.3.1 国外相关研究

1. 规划实施理论相关研究

1960 年代以前，主流规划理论受到功能主义思想的影响，规划师与建设者们都试图剔除现实的经济与社会环境，把规划与设计空间假想为"乌托邦式"的理想城市模型，因而常被视为一些"用处不大的规划，实施起来困难重重"。彼得·霍尔（P. Hall）曾指出："1960 年代前的规划师绝大多数关心的是编制蓝图，或者说，是陈述他们所设想（或期望）的城市（或区域）将来的最终状态，多数情况下他们对规划是一个受外部世界各种微妙的变化着的力量所作用的连续进程这一点，是很不关心的。其次，他们所描绘的蓝图很少允许有不同的选择，他们每一位都把自己看成是先知者。最后，这些先驱都是十足地搞物质环境规划（Physical Planning）的规划师，他们是从物质环境的角度来看待社会和经济问题的，似乎只要建设一个新环境来替代旧的环境，就能解决各种社会问题。"[7]

1960年代以后，系统规划理论与理性过程规划理论开始被视为专有的实施技术，通过一系列的科学、建模、数学等方面的专业分析，为城市规划开发管理提供了坚实的学术基础。以理性过程规划为基本原型，又发展出理性行为规划理论，将规划的实施过程作为一个完整系统，融入规划体系当中，最具代表性的规划实施理论有以麦克洛林（J. B. McLoughlin）与乔治·查克威克（George Chadwick）为代表的理性规划理论，他们认为城市规划是一个若干相互关联的部分所构成的系统，在规划过程中需要强调理性分析与结构控制。城市规划从原来的物质决定论转向一系列的理性决策过程，规划更加注重实施过程中与社会、环境、经济条件的互动与引导，正如麦克洛林所说："规划不只是一系列理性的过程，在某种程度上，它不可避免地是特定政治、经济和社会历史背景的产物。"[8]

1970年代以后，渐进式规划思想出现，逐渐取代以技术决策分析为基础的理性规划思想，规划过程转向民主性与公平性发展[9]以及规划后期实施与监督研究[10]，如林德布洛姆的"非连续性规划（disjointed incrementalism）"观点，提出规划不必追求全局上的合理性，只要考虑部分即可，注重对局部实施政策的评价。弗里德曼认为，有效的规划实施应在编制规划的早期就开始，编制规划并不是规划过程中的一个独立阶段，他在"行动规划模型"中提出"问题不再是决策更理性，而是如何改进行动的品质"。

到1980年代，规划关注技术理性的方法转变为关注社会不同利益相关者的选择，促进规划实施管理中对多元利益的平衡[11]，城市规划的实施重点已经不局限于制定出行动计划，还需要落实到具体政策，从而使具体政策最大的成效是可保障处理好各种"人际关系"，因而促成了"沟通规划"理论、"公共参与"理论的出现。进入1990年代以后，随着马克思主义、自由主义的政治经济学与规划思想整合，出现了"政体理论"、"企业理论"等观念，学者们的规划研究转向调控计划、实施策略的研究，发展出如精明增长、生态城市、新城市主义、紧凑城市等理论[12~14]，考虑规划实施过程中以社会、经济、环境平衡为导向的影响。规划的实施过程注重不同政体之间的行动联盟与分工合作，按照斯托克与莫斯伯格的说法："地方政府的有效性在很大程度上依赖于与非政府行动者的合作，以及政府能力与非政府资源的有效整合。由此政府的任务变得更加复杂，他们需要多种非政府行动者的合作"。

2. 容积率管理技术相关研究

从 1960 年代开始，美国的发达城镇化基本成熟，"做蛋糕"的物质建设项目减少，"分蛋糕"的社会问题变得突出，城市的开发建设逐渐进入更新阶段[15]。学者们对于对城市建设中趋同的开发模式与单一的空间形态批判的呼声越来越高，对僵化的开发控制体系进行批判，并寻求创新性的空间设计与实施手段，与控制和管理容积率相关的创新性技术研究较为多样，基于区划的法定性，学者们进行相关技术方法研究时也大多将空间、权属以及利益相挂钩，但基于不同的科学研究背景，因而研究目的有所不同。

部分学者致力于提出对传统区划条例的标准式条例内容带来的空间形态进行分析，提出若干能够增加市场适应性的区划改良技术。如查尔斯·哈尔（Charles Haar）和芭芭拉·郝林 Barbara Hering[16]通过对宾夕法尼亚州的格温内斯镇（Lower Gwynedd）所制定的区划条例内容进行分析，认为原有的控制方法过于刚性与僵化，无法满足空间的创造性要求，同时也无法保证对私有财产的保护。斯蒂芬·苏珊娜（Stephen Sussna）[17]对纽约市不同时期的空间体量控制方式加以评价，提出在纽约市几次开发控制手段改革的趋势，是越发地倾向于美学与多样性的考虑。赫伯特·高德曼（Herbert Goldman）[18]在《区划改变：灵活性与稳定性》一文中提出了"浮动性分区（Floating Zoning）"概念，并进一步分析指出，虽然传统区划的方法必须改变，但如果改革方法不慎，"错误的更正"仍然可以带来严重的副作用[19]。唐纳德·肖普（Donald Shoup）[20]针对美国城市中心区内填式开发的困难，探讨式地提出了累积式密度区划（Graduated Density Zoning）手段，将很多零碎地块、分散的所有权，以及由于细小分割而派生的利益进行整合与重新分配，并给予实施者一定奖励。Jonathan T. Rothwell 和 Douglas S. Massey[21]借助于社会经济学中基尼系数来测量邻里的隔离影响，讨论密度与邻里隔离的关系，发现美国进行严格密度分区的地区其邻里的隔离度较高，由此带来很多社会问题。

部分学者以土地产权与利益平衡的视角讨论规划控制技术的应用问题。由于美国是私有制国家，任何规划调整都可能会涉及私人权益侵犯的问题，因而规划过程中执行"警察权"是否构成违法"征收"问题在美国的规划体系中是一个历久弥新的课题。如：早在 1943 年，伊利尔·沙里宁（Eliel Saarinen）[22]的《城市，它的发展、衰败与未来》一书中就提到了关于地产权转移的思想，他认为对城市衰败地区进行重整，最合理的办法就是找到一种适合的技术，使衰败地区的土地所有权转移到城市适合建设房屋的地区，同时这种转移应该是按照预定的有组织的方案有序进行。有些支持者认为与容积率管理直接相关的开发权制度应用于规划中的影响是划时代的，如理查德（Richard）和布鲁斯（Bruce）[23]提出使用开发权转让的方式可以有效调节利益所得，解决传统区划之后所有权人获得暴利与暴损（windfall-wipeout）的问题。克里斯汀·贝（Christine Bae）[24]也认为开发权转让可以有效地控制城市蔓延，提高城市中心区密度。但与此相对应，詹妮弗·弗兰克尔（Jennifer Frankel）[25]通过考察纽约、芝加哥、西雅图的实际情况，认为开发权制度是一种错误的土地使用方式，由于接收区需要承受更高强度的建设，将可能对该区域内生活与工作的人们造成严重的精神损害。杰里米·内梅特（Jeremy Németh）[26]开创性地针对美国纽约1960、1970年代通过奖励区划技术而获得的163个广场进行测试，评估这些广场的使用情况，以此来确定这些私有化的公共空间是否能满足公共需求与公共利益。还有学者研究通过法律体系来保护环境，如约翰·R·诺兰（John R. Nolon）[27]系统地分析了美国与环境保护相关的所有法律，包括土地开发控制规则、如何平衡保护与开发、土地使用的环境理解等。

还有部分学者致力于研究面对较高的开发压力，如何保护历史文化、如何良好地控制增长边界与保护自然资源。乔纳森·巴内特（Jonathan Barnett）[28]通过纽约中央火车站保护案、曼哈顿南街港区保护案、布鲁克林大西洋大道特别分区保护案三个案例分析了纽约应用容积率奖励与容积率转让计划成功保护城市历史资源的情况，提出了在城市迅速发展过程中进行城市历史遗产保护工作的重要性，同时分析了在调控性计划实施过程中所面临的经济因素、社会因素及政治因素。蒂莫西·卡特（Timothy Carter）[29]针对传统开发对生态系统污染的现象，提出一种对生态伤害最小的方法——保护性细分开发模式（A Development Forms Is Conservation Subdivisions，CSDs），并以佐治亚州（Georgia）为案例，来评估CSDs的影响，有效减少传统开发带来的问题。对于一些资源保护的课题，常常由州或地方政府对某些研究性部门进行授权，通过出台研究性报告，讨论如何在宏观层面来保护空间资源，调配空间开发需求，如密歇根农业实验部与密歇根州立大学共同出台的报告《经营增长和管理城市蔓延：开发权转让（1999）》、肯塔基州（Kentucky）布尼（Boone）县规划委员会的报告《2001肯塔基州布尼县开发权购买及开发权转让研究》、美国马萨诸塞州达特默斯（Dartmouth）学院环境研究部撰写的研究论文《2001关于实施开放空间优先规划的政策与机制》、2005年由佐治亚州阿肯—莱尔郡（Athens-Clarke）与佐治亚州立大学联合出台的报告《佐治亚州阿肯—莱尔县开发权转让可行性研究》等。

综上所述可以发现，美国社会各界，学者、政府到开发商、公众对于传统开发控制体系的改革与容积率指标应用到新的规划体系中十分支持，对通过容积率管理手段的创新来达到不同性质空间建设的目标也基本达成共识，社会各界都在积极探索容积率调控的新方法。同时，各种研究从最初的探索性研究逐渐发展到技术成熟之后的回顾与检验，进一步说明了美国规划控制体系的成熟。但是由于容积率管理中需要涉及的因素众多，如何使用容积率调控技术来达到空间配置效率的最大化，公私利益博弈的最优化，仍是需要进一步讨论的课题。

1.3.2 国内相关研究

我国目前对于容积率管理方面的研究集中于两个方向，一个是容积率编制技术的研究，包括容积率的确定方法、影响因素等；另一个是容积率控制与调整的研究，包括行政审批、弹性调控的可行性等。其中，容积率编制技术的理论研究较为成熟，有大量的学术文章。

1. 容积率编制研究

鉴于控制性详细规划的法定性，作为其中最重要的衡量开发强度的指标，我国规划领域中对于容积率的确定与编制工作十分重视，对容积率的确定方法有很多种，学术界讨论也十分热烈。

1990年代，容积率的研究主要集中于概念与特征、基本确定方法的研究，如：宋军（1991）[30]归纳出四种容积率确定方法：环境容量推算法、人口推算法、典型试验法、经验推算法。梁鹤年（1992）[31]则认为容积率的确定应与城市规模、基础设施条件、土地适用性及市场等因素相结合。邹德慈（1993）[32]分析了容积率的四个基本特性，提出容积率与利益博弈相关，其值的确定应视政府、规划师及开发商、公众四者的"谈判"结果而定。王恩国（1994）[33]以南宁市的旧城改造项目为例，从房地产开发的投入—产出理论入手建立与容积率的联系，提出旧城改造的规划容积率与新区开发的规划容积率。宋启林（1996）[34]列举了一系列容积率超标的现象，提出在"不同规划阶段，分层次确定总平均容积率"，并给出了城市平均容积率的理论推导公式。

2000年前后开始，对容积率的研究过渡到容积率的修正、与地价的关系的研究上，如：陈昌勇（2006）[35]从宏观、中观、微观三个层次剖析了住宅容积率的确定及修正方法，强调整个容积率确定机制并非线性、单一的，而是循环、互动和开放的。咸宝林（2007）[36]在分析容积率概念研究的基础上，提出经济容积率的测算方法，提出了利用合度空间确定容积率的方法。黄志勤（2002）[37]在分析了容积率影响地价的因素基础上，提出容积率修正系数应按级别、用途加以确定，并需要区分样点地价与基准地价容积率修正系数。葛京凤（2003）[38]等总结了容积率内涵，分析容积率与地价、环境的关系，探讨了石家庄各类用途土地容积率修正系数。章波等（2005）[39]以南京作为实证对象，通过对一些商业、住宅等基础数据的分析比较，提出城市规划按地价理论实施可促进地价空间的合理分布，并有利于探索城市规划的内在规律和最佳的土地利用规划空间布局的形成。

2010年以后，对容积率编制的研究发展到对值域化的研究，容积率指标已经不再是一个确定的值，而是一个区间值，代表性的有：黄明华、王阳（2013）[40]针对当前容积率管理的片面性，提出通过绩效方式对容积率进行值域化研究的框架，覆盖"自上而下"及"自下而上"两个层次的控制内容。郭静等（2014）以居住和商业用地为例，探讨了容积率确定的方法体系，即成本收益法预测容积率下限，日照标准、公共绿地、交通疏散等约束指标预测容积率上限，再以城市设计要求对容积率控制阈值进行修正[41]。刘咏承（2015）[42]以江苏省南京市为例，讨论了控制性详细规划中商品房用地的容积率的赋值区间。罗奇、刘文静（2016）[43]提出了"计容积率"与"不计容积率"的概念，提出规划管理中不计容积率可能带来的影响，应注重容积率指标的科学性。

2. 容积率控制研究

我国关于研究容积率控制与调整的文章集中于城市规划与土地管理两个学科，城市规划领域中的研究集中于三个方向，正在走向动态管理研究；而土地管理专业则主要集中于对农田资源与农民利益的保护上。

在城市规划与设计学科中，与容积率管理、控制相关的文章集中于三种类型，一种是对国外研究进展的学习与借鉴，如1990年代初介绍美国区划法的研究，如：金广君（1989）[44]在介绍美国的分区管制法中，介绍了"增加建筑面积、开发权转让"等分区管制法的实施手段。庄宇（2000）[45]认为容积率引导是一种城市设计实施开发策略中的诱导工具，应本着平等、公正的开发权收益市场准则而制订，达到收益平衡。类似的研究还包括：黄大田（1999）[46]、高源（2005）[47]、沈海虹（2006）[48]、张凡（2006）[49]、运迎霞和吴静雯（2007）[50]、梁伟等（2007）[51]等，以介绍和分析美国区划法或区划管理技术为主要研究内容，这一时期控规中刚引入容积率，概念尚未清晰，对容积率的引导方法的研究以借鉴和学习为主。

另一种类型的研究是针对开发建设中的问题，提出对容积率管理改革的若干措施，如：庄诚炯（2002）[52]等通过实际项目分析了开发商、规划管理局、规划设计单位的利益关系，提出目前容积率管理中的技术缺陷，倡议在未来的制度改革中加入"公众参与"，使容积率管理更加透明化。潘海霞（2003）[53]列举容积率超标建设的现象及产生的后果，并从开发管理角度分析了超标建设产生的原因，提出了相应的改善策略。王世福（2005）[54]阐述了在开发控制过程中政府、公众和开发商之间的利益关系，只有三者的利益均得到满足，才能实现容积率的引导目标，保护历史建筑，缓解土地市场的经济压力。同类相关的研究文章还有王唯山、李翅、马赤宇和周进等。

2010 年以后，有部分学者认识到容积率的利益属性，单一刚性控制会带来更多问题，对容积率管理的研究逐渐转到容积率控制过程中的动态优化中来，如：黄汝钦（2012）[55]针对新、旧城区的开发建设特征，对区域差异视角下的容积率弹性控制方法展开讨论。刘慧军等（2013）[56]呼吁从宏观、中观、微观三个层次来划定容积率，宏观、中观层次的地块粗略确定与微观层次的精确确定相结合的方式来管理容积率。孙峰、郑振兴（2013）[57]以《深圳市城市规划标准与准则》为例，介绍了深圳市在进行容积率控制过程中重视容积率的政策属性，将总量控制与微观修正相结合的形式，并提出在容积率管理中应秉承"制定弹性规则，实施刚性管理"的理念，完善约束机制。

在土地管理学科中，对容积率引导的研究主要方向从用于利用土地相关的权属研究过渡到保护土地资源方面。孙佑海（2000）[58]从土地产权、土地流转等概念入手，系统地研究了土地流转制度的基础理论与机制建构，并提出了我国农地及国有土地流转制度的建立构想。张安录（2000）[59]阐述了中国城乡生态交错区建立可转移发展权制度来控制农地城市流转的构想。丁成日（2007）[60]阐述了土地开发权转移是一项有效的政策性工具，可以平衡土地保护、金融补偿、经济调控、区域发展战略等之间的关系，对我国的耕地保护工作有重要意义。刘新平、韩桐魁（2004）[61]通过美国、法国等城市的工作实践深入研究了土地开发权交易制度，提出在我国进行开发权交易制度建设应重点着眼于机构建设和法规建设，并着重加强开发权交易市场的监督管理工作。胡静（2007）[62]通过分析开发权转让制度在美国实施的成效，提出在我国应用于耕地、古迹及生态保护的设想。也有通过对开发权制度的对比分析，提出开发权转移及容积率奖励在我国不适用的讨论，如张国俊、汤黎明（2011）[63]分析了国外的经验，并以上海、广州为例，认为这些技术不适用于我国。张舰（2012）[64]以土地使用权出让视角提出在《城乡规划法》框架下建立权责明晰、刚柔兼备、分区分类、程序规范的"规划条件"内容体系。

综上所述，我国对于容积率编制的相关研究从最初概念本身的研究逐渐过渡到值域区间的研究，对于容积率管理与控制的研究也从管理经验的介绍到动态调控方法的探讨。这说明容积率管理随着我国城乡规划体系的发展而逐渐得到重视。随着我国城市建设的稳步发展，按照当前"严控增量、盘活存量、优化结构"的发展思路，更需要完善与严格的规划调控技术体系作保障。虽然当前在具体的实践项目中，有些加入了容积率奖励或是转移的概念，但是在实际应用中仍没有成熟的实施程序，因而对于容积率管理方法进行系统化的研究是十分必要的。

1.3.3 相关理论研究

1. 土地控制相关

（1）交易成本理论：美国经济学家罗纳德·科斯（Ronald H. Coase，1991年诺贝尔经济学奖得主）在1937年发表的《工厂本质》（The Nature of Firm）中提出自由市场价格机制的运作是需要代价的，奠定了交易成本理论的基础。交易成本（Transaction Cost）理论是在科斯产权理论基础上发展而形成的新制度经济学核心理论，是指市场经济中，为了达成交易所需支付的成本，即交易有成本。现实社会中，交易成本是经济活动的一个不可分割的组成部分，它们在制度结构和人们作出具体经济选择的决定中起着重要作用。例如，进行市场交易过程中，所耗费的时间、劳力等都是交易成本。交易制度正是一种游戏规则的规范，会影响到交易活动的发生以及最终的结果。交易成本存在两种成本，外生成本和内生成本。外生成本是指建构制度所需投入的资本，内生成本是指在这套制度下让交易能够达成的成本。交易成本理论说明了在城市开发建设过程中不能忽略"成本"的作用，否则会降低实际开发项目的可操作性。

（2）土地价格理论：城市开发是一种土地资源优化配置的方式，经济学中的地租理论直接影响到城市开发的市场需求。西方经济学中经典的地租理论有马歇尔地租理论、克拉克地租理论、胡佛地租理论、阿隆索地租理论等，马克思在继承经典地租理论的基础上，赋予地租理论新的内容，即确定了资本主义地租的三种形式，绝对地租、级差地租、垄断地租。古典经济学理论中，土地租金被视为由市场交易所决定的土地服务价格的均衡值，地价则是一定时期内地租的贴现值之和，马克思称之为地租的资本化。古典地价理论把地价看作地租收益的现值之和，是一种由市场基础条件决定的理论地价。而现代地价理论认为，当土地被当作一种可交易的资产看待时，地价直接由土地资产的买卖所决定，不仅受到持有者土地利用收益的影响，同时还受到将来卖掉土地时所产生收益的影响。简单地说，地价可被理解为在最有效地使用该块土地所获取的期望收入和扣除包括使用者的期望利润在内的所有支出后的经济剩余。地价理论与最佳容积率的确定有直接的关系，理论上开发商所能支付的最高地价数值决定着最佳容积率的数值，因此研究地价理论对容积率指标的计算有重大意义。

（3）发展阈限理论：发展阈限理论又称为门槛理论，1960年代早期诞生于波兰，最初的概念是由波兰的城市经济学家和城市规划学家马利士

（Mails）在《城市建设经济》中提出的[65]。该分析方法最早用于城市规划，针对开发过程中受到的客观环境制约现象提出，这些限制导致开发过程的间断，表现为开发速度减缓，甚至停滞，而克服这些制约需要额外的成本，即阈值成本，俗称"门槛费"。这些"门槛费"通常是以社会和生态损失为代价。顶极环境阈限（Ultimate Environment Thresholds，简称 UETs）是门槛理论的最新发展和延伸，用以讨论环境和生态系统的再生能力及其对发展的种种限制。自然资源被强加在发展过程的阈限中，当达到极限时被称为顶极阈限。UETs 的基本观点可以用公式来表达，即城市的资源在一定的时期内是有限的，所以城市开发的强度也是有限的。

$$P\max = \min \{Q1\max, Q2\max, Q3\max\cdots\cdots\}$$

门槛理论应用到容积率控制中是指容积率的影响因素主要由地块的基础设施、环境、交通等因素承受的最大开发强度确定，其中一种因素负担容积率最小的可确定为容积率的上限。

（4）系统论与控制论：控制论（Cybernetics）是 1948 年由美国数学家和思想家魏纳（Norbert Wiener）在发表的《关于动物和机器中控制和通信的科学》中提出的，标志着一门新兴科学的诞生。控制论所研究的是一种对各种现象的现有知识加以组织的新方法。主要思想是各种现象都可以被看作是一个复杂而相互作用的系统，当引入适当的控制机制时，系统的行为就会向特定的方向变化，以实现控制者的某些目的。控制论的关键问题在于必须了解整个系统的运转情况，以便进行有效的控制，否则可能会在其他方面引起意外的结果。1960 年控制论首先由英国应用到城市规划中，被称为系统规划。它把规划视为控制系统，把规划对象视为受控系统，系统规划体现这两个平行系统之间的相互作用。这种新理论的重点放在为不同的比较方案或行动方向建立模型和进行评价上，认为各类规划都是为了控制各种特定系统。城市规划对城市开发的控制可以通过建立一定的控制关系来确立，即：$P = f(x, y)$，P 为目标函数，x 是可控变量，y 是不可控变量。规划可以通过对 y 的刚性控制和对 x 的弹性调节来实现预定目标。

2. 激励管理相关

（1）心理学上的激励理论：20 世纪初，激励（Incentive）概念首先起源于心理学，主要是指人们为实现某一目标而产生的心理需要或期望，通过这种需要可以促使个体采取一系列行动。虽然人的行为需求被心理学研究领域归纳为"调控"的内涵概念，但不同的心理学流派对调控理论的研究侧重点有所不同，有些侧重于内在需求，有些侧重于外在影响，还有些侧重于实施过程。如 1943 年，美国著名人文心理学家马斯洛（Abraham H. Maslow）提出需求层次理论，将人类需求划分为由低级到高级五个层次，依次为：生理需求，安全需求，社交需求，尊重需求及自我实现需求，其中生理需求为最低需求，自我实现需求为最高需求。马斯洛认为能够激发人们不断从低需求向高需求迈进的动机是人类自身的成长需要，这种需要与个体人格的发展境界与生存环境直接相关，当下一级的需求得到基本满足之后，追求上一级的需要就成为基本的调控动力。行为主义心理学创始人约翰·华生（John B. Watson）通过进行人对事物的刺激和反应实验来测试人的需求。他认为只要查明了环境刺激与行为反应之间的规律，就能根据刺激预知反应，达到预测并控制人行为的目的。奥格登（Ogden）则认为人的行为都是在某种动机的驱动下为了达到某个目标的活动，他设计了一个警觉性实验，来测试人们对调控的反应：用一个可调节发光强度的光源，记录被测试者辨别光强度变化的感觉以测定其警觉性。实验中的被测试者分为四个小组。A组为控制组，不施加任何调控。B组是挑选组，告诉被测试者："你们是经过挑选的，是具有很强的觉察能力的，现在要试验出哪一位觉察能力最强。" C组为集体竞赛组，告诉被测试者："你们这个组要同另一组比赛，看哪一个组成绩好"。D组为奖惩组，每出现一次错误罚一角钱、每次无误奖励5分钱。实验结果如表1-1所示，从而可以发现人的行为动机会根据不同的调控内容产生不同的行为方式。

奥格登"警觉性实验"结果[66]　　　　　　　　　　表1-1

组别	调控情况	误差次数	顺序
A	不施加任何调控	24	4
B	精神调控（个人竞赛）	8	1
C	精神调控（集体竞赛）	14	3
D	物质调控（奖惩）	11	2

（2）管理学上的激励理论：管理学中对激励概念研究最早也最有影响的莫过于有"管理科学之父"之称的弗雷德里希·泰勒（Frederick W. Taylor），他在著作《科学管理原理》中对20世纪初美国工厂中实施的计件工资制进行了深入分析，认为无差别工资是造成生产效率低下的主要原因，在此基础上，泰勒提出了"胡萝卜加大棒（Carrots & Sticks）"理论，"胡萝卜"是指工资奖励，"大棒"是指罚款制度，以此种差别付费方式来调动工人的积极性，提高工作效率。泰勒的理论对管理学上的激励概念发展奠定了基本的理论基调。美国心理学家詹姆士的研究表明，人们平时只要发挥自身20%～30%的能力，就足以应付工作，但一旦他们处于被激励状态时，其潜能可以发挥到80%～

90%，可见，激励制度在管理学中发挥的作用巨大。1959年，赫兹伯格提出了激发企业员工动机的双因素理论[67]，包括激励因素与保健因素。他将激励因素归纳为工作内容和工作本身的因素，如工作的责任感和荣誉感、工作成就和发展前途等，将保健因素归纳为员工工作环境和工作关系，如公司政策、安全、地位等。他认为，当人们不具备调控因素时，人们不会感到不满意，但当保健因素不具备时，人们会感到强烈不满，因此调控因素被赫兹伯格认为是真正调动积极性，提高生产效率的主要因素。1964年，维克多·弗鲁姆（Victor H. Vroom）在《工作与动机》一书中提出了激励的期望理论（Theory of Expectancy），被喻为管理领域中的一个里程碑。其期望理论的主要观点是：某一活动对某人的激励力量取决于他所能得到结果的全面预期价值与能够达成该结果的期望概率，即激发动力 = 期望值 × 期望概率（Motivation＝Valuation×Expectancy），当其中任意值是零或负值时，就不会激发动力。该理论将个体需求与工作积极性相联系，认为工作的积极性是通过对未来的某种期望而激发出来的，为企业中的管理者提供了正确使用激励方法的途径。

（3）行政学中的激励理论：Weimer 和 Vining 就补救市场失灵的观点认为，政府可透过以下五种类型的公共政策处理市场失灵所衍生的公共性课题：市场机制政策（Market Mechanism）、诱因政策（Regulations）、管制的政策（Rule）、非市场供给政策（Nonmarket Supply）及保险与求助政策（Insurance and Cushions）。其中，诱因政策最为重要，是指利用课税和补贴等诱因，引导标的的团体行为。诱因政策在精神层面期望透过弹性引导方式，来指导执行政策的团体行为符合政府所设定的预定目标。然而，当诱因政策应用于都市层面时已经不限于税收与补贴两种方式，就广义而言，凡政策行使过程中能够对于政策标的团体产生额外利益进而引导其行为的政策，皆可视为奖励性都市政策。

雅克·拉丰（Iaffont）与让·梯若尔（Tirole）的《政府采购与规制中的激励理论》主要探讨了政府作为规制者如何处理与被规制企业的关系，其最大的贡献是将调控问题引入到规制问题的分析中来，将规制问题当作一个最优机制设计问题，在已知规制者和受规制企业的信息结构、约束条件和可行工具的前提下，分析双方的行为和最优权衡，并对规制中的很多问题都尽可能地从本源上内生地加以分析[68]。雅克·拉丰与大卫·马赫蒂摩的《激励理论：委托—代理模型》揭示了在一般情形下，不对称信息构成了委托人实施最优资源配置的主要障碍，而这种最优配置在完全信息下是很容易达到的。具有私人信息的代理人的策略行为所带来的代理成本可以被看作一种交易成本。该书介绍了三种类型的调控问题：逆向选择、道德风险以及不可验证性[69]。

1.4　研究内容与方法

1.4.1　研究内容

本书遵循"认识技术—分析技术—总结技术—应用技术"的思路展开研究（图1-1），以对容积率调控技术及发展历程的全面认识为研究起点，分析容积率调控技术在发生、发展过程中所表现出的演化特征，并从中概括发展趋势，归纳出发展规律，在此基础上，提炼容积率调控技术在其他地区可以进行推广应用的条件。主要内容包括以下几个方面：

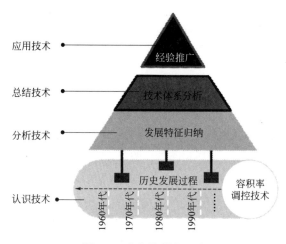

图 1-1　论文的研究思路

（1）美国容积率调控技术的基本认识：了解美国开发控制体系中"容积率"、"容积率调控"的基本内涵，分析容积率调控技术的运作原理，概括出美国开发控制中与容积率调整相关的四种调控方法：容积率红利、容积率转移、容积率转让、容积率储存。在此基础上确定容积率调控技术实施的基本结构，包括技术实施、行动框架、实施环境。通过初步认识容积率调控技术，作为进一步研究美国容积率调控技术发展历程的基础。

（2）论述美国容积率调控技术的发展历程：在分析美国容积率调控技术产生背景的基础上，按照历史脉络将美国容积率调控技术的发展历程划分为三个阶段：1961~1970年，容积率调控技术的初步应用阶段，每种技术单独被应用于各种开发项目之中；1971~1980年，容积率调控技术融合应用阶段，两种及两种以上的容积率调控技术出现在同一项目中；1980年至今，容积率调控计划形成阶段，各种技术综合应用在同一个体系框架之内。

（3）归纳美国容积率调控技术的发展特征：从四个层面归纳容积率调控技术的发展特征：空间范围、操作技术、控制框架、管理制度。在空间范围层面，概括出容积率调控技术应用的空间范围不断扩大，形成宏观、中观、微观三个层次。在操作技术层面，从纵向与横向两个向度上分析技术的发展特征，其中纵向上表现为自身的更新性，横向上表现为技术之间的相互融合。在管理制度层面，从管理程序、审核程序、主体参与模式三个方面论述逐渐形成的制度综合化特征。

（4）提炼美国容积率调控技术的演化规律：从三个层面总结容积率调控技术的演化规律：一是构建容积率调控技术的体系框架，确定出体系框架的基本结构是由基本技术元素及技术元素之间的秩序共同组成。二是本着辩证的态度从积极与消极两个方面对容积率调控技术体系的实施进行综合评价。三是归纳出容积率调控技术的产生与发展条件，产生条件包括：以市场经济为基础、以公私合作为途径、以容积率流通为核心。发展条件包括：持续的市场需求、调控计划的高度适应性，以及广泛的社会支持。只有具备以上条件，容积率调控技术体系才能产生并良性运作。

1.4.2 研究方法

（1）历史研究法：通过对历史理论、实践成果的分析，认识事物发展的基本特征与基本规律。本书通过综述美国容积率调控技术的发展历程，试图寻找出美国不同时期应用容积率调控技术的一般性特征，并通过这些一般性特征，概括出调控技术的发展规律。

（2）文献回顾与归纳演绎法：文献回顾是指通过对现有文献的研究，形成对事实科学认识的方法。本书选择对与美国容积率调控相关的文献资料进行收集，以文献回顾的方式，通过图表、文本、统计等方法探讨美国实施容积率管理的方法及相关的管理制度。并在此基础上，通过对所收集到的基础资料进行分析与整理评价，总结归纳出运作特征。

（3）系统分析法：系统科学的方法和观点为人们提供了一种崭新的思维方式，也是本书主要应用的方法之一，从系统的着眼点来考察美国容积率调控技术的发展历程，认识各种容积率调控技术的本质属性及调控技术之间的相互制约关系，从中寻找对本课题有实践指导意义的方法与规律。

（4）比较分析法：比较分析法是指对同种事物在不同地点、不同时期的条件进行对比，以确定出客观存在的条件差异。我国与美国的国情体制不同，使城市规划的基础实施环境相差很大，使用比较分析法，通过对两国进行容积率管理的社会环境、市场条件的对比，分析我国实施容积率调控技术的优势条件与劣势条件。

1.4.3　研究框架

见图 1-2。

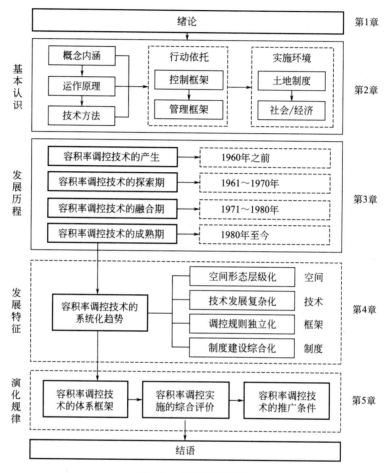

图 1-2　主要研究框架

第 2 章　美国容积率调控技术的基本认识

2.1　容积率调控的内涵及原理

2.1.1　容积率

在美国的规划管理中，容积率不仅是一个开发强度的控制指标，还可以衡量空间的财产价值，具有产权属性，是"开发权"的数值表达。容积率在美国调控体系的相关规定中主要表达为：楼地板面积率（floor area ratio）、楼地板面积指数（floor space index）或地段率（Plot Ratio）等，表达含义相似，即指单位地块中建筑面积与用地面积的比值（具体译法内容请参见1.2.2）。在美国的规划体系中密度的概念与容积率相似，但两者概念来源不同，楼地板面积率概念来源于对商业用地中建筑开发强度的测定，密度概念来源于根据人口居住数量进行配置的房屋数量。因而，美国最初在区划法中，楼地板面积率常被用于商业用地当中，密度常被用于居住用地当中。随着美国区划的逐渐改良，一些包容性区划条例、土地混合使用等政策的出台，以上两种强度指标早已经不限于原有的应用范围。

1. 美国规划体系中容积率的特殊属性

在美国，任何支配空间开发行为的基本目的都在于获取更大的经济价值，即使是偏僻地区或公共空间建设，也是为了获得未来的发展机会或是周边地区的土地升值，这是由美国成熟的市场开发环境决定的。安布罗斯（Ambrose）曾把空间开发过程看作是一系列的转换："资本被转换为在市场上买回的、作为商品的原材料与劳动力；原材料与劳动力又被转换为另一种可能销售的商品（建筑）；通过在市场上出售该商品，再次换回资金，要使该过程赢利，卖出产品所得必须大于生产成本。对回报的计算夹杂着为获得回报所冒的风险，这正是开发进程的驱动力[70]"。因而，无论是公共空间还是私有空间，在美国的社会观念中都首先将其视为一种可以获得增值的"特殊财产"，具有商品的使用与交换属性。

容积率是一个空间容积指标，如果打一个比喻，空间与容积率的关系可被比拟为水与容器，无论水在自然状态时怎样"大象无形"与"变化无常"，一旦经过容器装载，水的体量便被限定出来，因而容积率可被进一步理解为

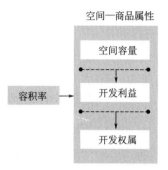

空间—商品属性

图 2-1　容积率的财产属性

"限定体量的空间"，应具有与空间相同的属性。如果在美国的社会环境中空间是一种"不动产"，那么容积率自然也就被赋予了相应的财产属性（图 2-1）。容积率指标在区划地块中的赋予不仅是对空间容量的设定过程，还是对地块所有权人财产价值的标定过程，直接影响空间的开发利益。因此，在美国开发控制体系中，容积率指标一旦确定，不容随意修改，任意使用或修改就等于对私有财产构成侵害，触犯了美国宪法第五修正案中的违宪征收规定。容积率数值代表着区划地块及上空空间的开发潜力，如罗伯特·埃里克森（Robert Ellickson）和薇琪·贝恩（Vicki Been）[71]认为：任何一个建筑物的长、宽、高三维指标都有一个最大的开发潜力限制。对这种开发潜力的使用需要动用区划地块所有权人的支配权来行使，这种权利就是美国财产法中的开发权。开发权是财产法中规定的一项可以与土地所有权相分离的独立权利。

容积率的改变对应的是开发权的调整，迈克尔·克鲁斯（Michael Kruse）指出，"容积率是用于限制一个地区潜在开发权的数值。"[72]在美国规划体系下的单位区划地块中，容积率与开发权缺一不可，一个是土地开发容量的度量指标，代表未来开发潜力的数字表达，另一个是所有权人的支配权，代表所有权人对自己财产使用的合法权益（图 2-2），两者在美国财产法范畴中所对应的内涵一致，如纽约区划法对开发权的定义为："开发权是指区划地块中被允许开发的最大楼地板面积数值。"[73]

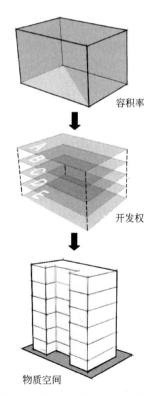

容积率

开发权

物质空间

图 2-2　容积率与开发权的关系

2. 商业容积率——楼地板面积率

"楼地板面积率"一词最先出现于美国芝加哥。1957 年，在由开发商兼城市规划专家哈里·查迪克（Harry F. Chaddick）领导并组织的芝加哥综合规划（Chicago comprehensive plan）中，"楼地板面积率"首次被提出，指区划地块上可容纳的最大的楼地板面积。美国规划师学会对楼地板面积率的定义为："区划地块上允许修建的楼地板面积与地块面积之比……[32]"。区划控制下每一个开发地块都有一个容积率，所有容积率数值相加可得到区划覆盖区内的总开发量。同时，由于区划中对开发地块的划分必须遵循基本的几何模数，通过楼地板面积率的数值可以直观比较建筑层数及建筑体量大小，因此楼地板面积率常用于商业、娱乐、办公等非居住用地或是高密度开发的居住用地当中的空间开发容量控制。例如，20 世纪中期下曼哈顿区（Lower Manhattan）兴建了大量摩天大楼（表 2-1），通过楼地板面积率可以清楚地比较高密度的商业环境中每幢建筑的层数与体量。

1960 年代以前纽约曼哈顿地区商业摩天大楼建设情况[74]　　　表 2-1

摩天大楼名称	完工年代	楼地板面积率
Empire State	1931 年	30∶1
2nd Equitable Life	1915 年	25∶1
Woolworth	1913 年	18∶1
Singer	1908 年	18.4∶1
575 Madison Avenue	1951 年	18∶1
Tishman Bldg.	1956 年	18∶1
Rockefeller Center	1936 年	11.9∶1
Seagram	1957 年	8∶1
Lever House	1951 年	6.5∶1

楼地板面积率的基本定义看似简单，却可以发展出与空间开发、设计等相关指标有关的一系列潜在表达式，例如：

$$楼地板面积率 = \frac{楼地板面积}{地块面积} = \frac{建筑基底面积 \times 层数}{地块面积}$$

$$= \frac{(1-绿地率-空地率) \times 层数}{地块面积}$$

楼地板面积率在制定过程中，受多方面因素的影响与制约，在经济方面，楼地板面积率受到市场开发需求、土地价值、建筑开发成本等因素的影响。在市场开发需求大的地区，土地价值相对较高，建筑开发投入资金巨大，为了获得更高利润，所开发出的建筑需要有更高的楼面价值与更多的楼地板面积作为产出利润，因而楼地板面积率相对较高。在环境方面，楼地板面积率与环境最大承载力、公共设施容量等直接相关，楼地板面积率的设置不止受到开发地区的地形地貌条件限制，同时要满足人们日常的生活需求，又不能高于基本的环境容量要求。在社会方面，楼地板面积率受到地区政策、历史文化等因素的影响。正是因为楼地板面积率能受到众多因素的影响，才有利于政府对开发过程中的综合作用因素进行操控。

3. 居住容积率——住宅密度

密度概念于 1960 年代初开始被应用于区划条例中，与开发强度直接相关。基本的表达式为"单位房间所占的地块面积"或是"每英亩实际住宅用地中的住宅套数"。密度概念可进一步细分为用地毛密度（gross density）、用地净密度（net density）、邻里毛密度（neighborhood gross density，将邻里开发单元的公共设施用地包括其中）。毛密度包括道路用地及公共设施用地，净密度则主要针对开发地块，净密度一般比毛密度高 20%。一般情况下，密度指标只用于居住用地当中，目的是根据一定区域内可容纳的人口密度与数量，设置最大可能的住宅数量，并能够为这些居住人口提供足够的交通、医院、公园等公共服务与活动设施。不同类型的住宅具有不同级别的居住密度（表 2-2），也有用于居住与商业混合地区的特殊密度控制。

美国典型住宅密度[75]   表 2-2

住宅类型或邻里类型	不同的密度概念（户/英亩）		
	净密度	毛密度	邻里密度
独立住宅	<8	<6	<5
零红线独立式住宅	8～10	6～8	6
双拼式住宅	10～12	8～10	7
行列式住宅	15～24	12～20	12
联排式住宅	25～40	20～30	18
低层公寓	40～45	30～40	20
6 层住宅	65～75	50～60	30
高层公寓（13 层）	85～95	70～80	40
混合使用邻里	—	—	4.5
高密度的公交导向邻里（TOD）	—	—	20

与楼地板面积率相比，密度概念具有一定的局限性，如亚历山大·加文（Alexander Garvin）曾指出了密度概念应用的一些不足[76]，包括：密度概念以现状居住的人口数量与特征为设置标准，可是人口的居住状况会随时间而发展变化时，密度标准难以适应；同时，也很难证明当家庭结构发生改变，学校、娱乐设施、运输系统的布局模式也随之改变后，密度标准仍可以保持不变；再者，密度规定还隐含着一个"高密度"导致"高拥挤"的假设，密度与拥挤常常同等对待，结果可能导致更大范围的城市蔓延。

虽然楼地板面积率与密度的来源与表达方式不同，但都属于美国的开发

体系中对空间开发的容量测定，都是容
积指标，最终都可以转化为一定量的空
间价值（图2-3）。同时，密度指标中住
宅单元的数值也是由每个区划地区内不
同类型区划地块内所允许建设的住宅单
元的最大楼地板面积数值决定的。林奇
曾在《总体设计》一书中提出过对密度
与容积率两个指标的看法，他认为："密

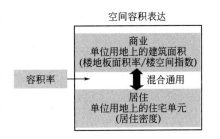

图 2-3　容积率的空间容积表达

度对技术、社会、经济乃至视觉等方面具有基本的影响，然而却容许多种多
样的形式。表达密度限制最有效的方式是容积率，即一栋建筑各层总面积之
和除以其地块的面积。这一比值可从旷地的 0.1 直到稠密地区的 20，它们对
交通、公用设施负荷、街道生活气氛、人流聚焦、公共服务等具有明显的影
响。容积率指标又可称为楼地板面积、地块建筑面积率或楼板面积指数，不
同术语名称的变化时常蕴藏着量取地块面积、建筑面积的微妙差异[77]。"因
而，在美国开发控制体系当中，两者概念的内涵基本一致，如对容积率红利
一词，就有"floor area ratio bonus"和"density bonus"两种说法，本书对
两者概念均视为统一的空间容量指标，只有在涉及空间价值转化计算时，才
会具体提出是楼地板面积率或密度，因此本书以"容积率"一词来概括。

2.1.2　容积率调控

1. 容积率调控内涵

"调控（Regulation）"概念最初来源于控制论，是指在具有稳定结构的
某种组织中，可以根据外界环境变化对组织内部结构进行不断调整的行为，
用以克服组织内部由外界变化而产生的不确定性，保持整个组织的稳定状态。
调控过程可划分为调控实施者、调控对象、调控手段、调控接受者、实施目
标的实现几个方面。"调控"一词的应用范围也十分广泛，如经济学中的"调
控"是指为了达到一定的经济持续稳定发展而采取的一系列政策干预行为；
生物学上的"调控"是指生物体内的应激系统对外部环境变化的适应；行政
学上的"调控"是指政府对国民经济活动的整体性管理；法学上的"调控"
是指政府依据法律规定的职权对经济行为进行全局性的控制与监督。由此可
见，不同的学科领域中，"调控"的具体含义不同，但是几乎所有的"调控"
概念都具有相似的结构内涵，即都是由"控与调"两部分共同构成，其中
"控"等于控制，是一种相对稳定的管制方式，"调"等于调节，则是在"控"
基础上的修正与更新。

在认识"调控"概念的基础上，"容积率调控"的内涵可理解为：政府在
对空间开发强度整体控制的基础上，利用容积率的财产属性，对空间的开发

容量进行整体控制与局部调整的行为，主要目的在于更合理地导控开发，实现空间优化配置。其中，调控的实施者为政府，调控对象是容积率，调控手段是对容积率的若干控制与调整方法，调控的接受者为空间的开发者，调控目标为实现空间的形态优化。容积率调控技术之所以产生，是因为现实的开发市场中存在失灵现象，无法提供公共物品，需要政府给予合理干预。但是，当政府在资金有限、职能有限的情况下，也会存在一定的政府失灵现象，因而需要政府控制与市场调节共同完成空间开发强度合理分配的任务，由此确定，容积率调控技术具备两种基本属性：规划控制属性与利益调节属性。首先，容积率调控是一种规划管理方法，其本质是对不同性质开发地块上的容积率进行调整。其次，调整的手段需要借助于市场完成，因而调整的结果是地块所有权人私人利益的变更。

2. 容积率调控的内容层次

容积率调控的主要内容同样可以划分为"控"与"调"两个部分。"控"是实施基础，是容积率调控在实施过程中固定不变的相关内容，作为容积率调控技术的行动依托，具体可细分为控制框架与管理框架。"调"是优化途径，是为了能够使规划管理手段不断适应市场开发需求而采取的操作技术，通常需要借助于市场机制来完成。行动依托与操作技术两者紧密联系，行动依托是刚性管制，操作技术是弹性调节，共同构成容积率调控的主体内容。

弗雷德里希·泰勒在《科学管理原理》中曾经提出有效的企业管理方法应该采用"大棒"和"胡萝卜"并用的方式，既能够形成科学的管理体制，又可以"绝对整齐划一地调动工人的积极性（也即是他们的刻苦工作，他们的真心诚意和智能的发挥）"[78]。这里的"大棒"与"胡萝卜"也形象地比喻出规划管理体系下容积率调控中行动依托与操作技术的关系，一个是刚性基础，一个是弹性引导。但是，任何技术实施都离不开具体的社会环境，正如赫伯特·马尔库塞（Herbert Marcuse）所说："在经济过程中所应用的技术和工艺比以前更加成为社会和政治控制的工具"、"技术是社会控制或统治的形式[79]"。

因此，容积率调控的相关内容还包括调控技术的实施环境，如社会经济体制、土地所有制结构、国家的政体形式等，以及容积率调控在实施前后涉及的具体的城市建设环境。由此，本书将与美国容积率调控相关的研究内容划分出四个层次：容积率调控的对象——空间、容积率调控的操作技术、容积率调控的行动依托——控制框架与管理框架、容积率调控的实施环境（图2-4）。

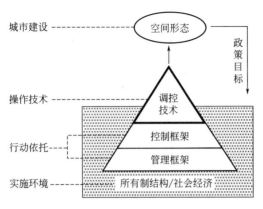

图 2-4　容积率调控的内容层次

2.1.3　容积率调控的运作原理

1. 基本原理：未使用容积的集中与分配

在美国的开发控制体系中，容积率被标定之后，开发地块上的空间容量与财产价值也一并被确定下来。每一块开发地块及其上部的空间都可被视为一个虚拟化的"空间体量（Bulk）"，作为土地及空间进入开发市场的最基本单元（图 2-5）。在空间体量单元被确定之后，小到单一地块，大到整个规划覆盖区，所有空间的开发强度与空间价值都被限制并受到法律保护。例如，在 1995 年西雅图市总体用地的区划索引图中（图 2-6a），城市用地被划分到 204 块用地中，标定于从 1~204 号区划图上，每个编号的区划图内（图 2-6b、图 2-6c）都有固定的开发强度，204 张区划图内的所有开发强度之和即是西雅图市的总开发强度。

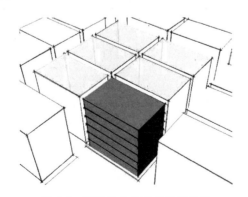

图 2-5　区划法中的空间体量单元

每个空间体量中的开发强度都可以被进一步细分为已使用容积和未使用容积两个部分（图 2-7）。已使用容积是指地块已被开发为建筑实体或其他物

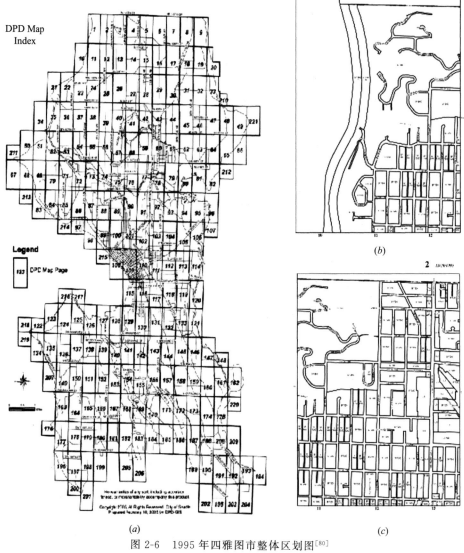

图 2-6　1995 年四雅图市整体区划图[80]

(a) 区划总索引图；(b) 1 号地区划图；(c) 2 号地区划图

质空间环境的部分，未使用容积是指在区划法中已经设定但尚未使用的空间，代表着未来的开发潜力，可由其产权所有权人在法律允许范围内以开发权交换的形式自由支配。未使用容积与已使用容积最大的区别在于其开发权尚未使用，容积率尚未转化为空间，如纽约区划法中说明："被允许的最大楼地板面积与实际楼地板面积不同的是未使用开发权，这些未使用的开发权也被描述为空中权。"[73]

　　在开发总量确定的前提下，将所有空间体量单元中的未使用容积进行集

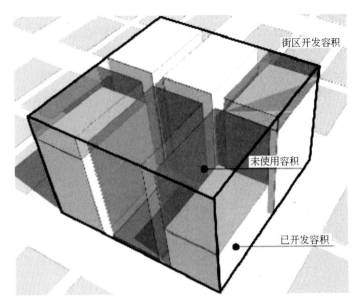

图 2-7 已开发与未使用容积

中与重新分配，即可达到开发潜力的转移，也就是容积率调控技术实施的基本原理。一般情况下未使用容积来源于三个方面：空间资源区，由于规划限制开发而未被完全开发；衰落区，开发需求低而未实现完全开发；开发新区，尚未开始进行开发。使用容积率调控技术将这些地区未来的开发需求进行重新分配，即可以实现空间资源区的保护、城市衰落区的复兴与开发新区的建设引导，实现空间形态的优化配置。

2. 运作过程：规划与市场双重选择

容积率调控技术改变了原本由政府主导建设的公共建设模式，重新确立了公共空间建设中的经济关系，即一种基于公私合作关系的新建设模式。在这种建设模式下，政府以容积率作为政策诱因，借助于市场的力量将私人投资吸纳到公共领域中，达到双赢的目的。容积率调控在运作过程中涉及三项要素：作为调控诱因设计者的政府、作为诱因本身的容积率，及作为诱因接受者的私人团体（图 2-8）。政府通过设计容积率调控规则，激发私人团体的建设动机；私人团体根据自身需求选择是否加入到公共建设的队伍中；容积率作为调控诱因维系着公私双方的合作关系。黛博拉·A·斯通（Deborah

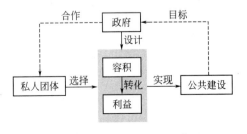

图 2-8 容积率调控技术的运作过程

A. Stone）曾从"理性人"角度对诱因理论（inducement theory）作出进一步的阐释，他认为个体是理性的，总会采用那种能以最少投入获得最大产出的手段来达到目的，因而诱因设定时，需要让个体在面对障碍与机会时，会自动改变追求目标的过程，达到给予者设定的目标。因而，容积率调控技术的运作是围绕着作为诱因的容积率来展开的，可以概括为双向选择过程：即政府对调控诱因的一次规划选择过程，私人团体对调控诱因的市场选择过程（图 2-9）。

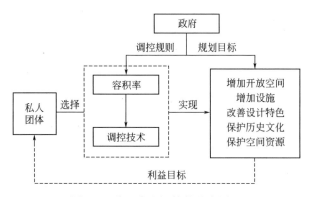

图 2-9　美国容积调控的基本原理

首先，是政府调控规则的设定与选择过程。在公私合作模式下，政府从管制者转变为参与者，与私人团体的地位平等，因而需要制定积极主动的调控规则来维系与私人团体的合作关系，但是如果调控规则过于宽泛又会影响到社会公平，因而政府常需要在个人与公众利益之间作出权衡。这种权衡表现在政府的政策目标制定与调控规则的设定上，调控规则是为了最大程度上保护政策目标实现，但也可能会产生负面影响。其次，是市场对调控规则的选择过程。私人团体的主要目的在于赢利，无论是参与开发建设的开发商，还是历史文化地段或自然资源区的私有业主，选择使用调控规则的主流评判标准为"是否会对自己有利"，调控规则所能产生的收益要大于私人团体的投入成本，才能吸引私人团体的加入。

在以上两种选择下，只要在实施容积率调控技术条件下，所产生的公众收益必定大于同时产生的负面影响，即当公众从额外获取的阳光、空气中受益的同时，也必须承担这些额外设施所能带来的成本投入——私人团体获得额外容积率所可能产生的外部效应，就可视为容积率调控技术的实施有效。容积率调控技术与传统的"命令与控制"型的控制手段相比[81]，客观上可以增加开发控制的灵活性，同时保证政府的空间建设目标与私人团体自身利益同时实现。

2.2 容积率调控的技术分类

在美国开发控制体系中，与容积率控制和调整相关的操作技术可归纳为四种：容积率红利技术、容积率转移技术、容积率转让技术、容积率储存技术。

2.2.1 容积率调控的技术类型

1. 容积率红利

容积率红利（Floor Area Ratio Bonus，FAR Bonus），也称密度红利（Density Bonus），主要是指政府利用容积率或建筑密度的利益属性，在资金有限的情况下，为了达到公共建设的目的，可以通过放宽开发地块法定容积率的最高上限值的方式，来吸引开发商提供某些特定城市公共空间或设施的技术（图2-10）。容积率红利可以进一步理解为，如果公众希望获得更多的城市公共空间，必须通过增加局部地段的开发强度来获得，因此，对于容积率红利，可以有两种解释，其一是一种奖励手段，以容积率作为利益奖金，奖给那些为城市提供设施的开发商；其二是一种补偿手段，补偿由于提高城市建设强度而对公众提供更多的社会福利性设施。

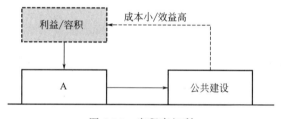

图 2-10　容积率红利

容积率红利的实质在于利用额外的容积率来换取一定量的公共设施建设或是资金补偿，因而成功实施的关键在于以额外容积率进行建设的实际开发利润大于公共设施建设或是对所有权人的利益补偿，同时公共设施建设或是利益补偿所能得到的社会综合效益，还可以补偿由于额外开发所能带来的负面影响，如局部地区交通负担加重、环境承载力加大等。容积率红利是一种政府意识的产物，政府的建设需求直接决定容积率红利的内容。美国州及地方政府对城市空间的建设需求主要体现在以下几个方面：①城市高开发需求地区。这些地区地价高、开发强度大，建设密集度大，因而造成公共空间及公共设施缺失。②城市中急需复兴、更新的低开发需求区。这些地区缺少必要的重新建设资金而处于衰败状态。③城市中限制开发、需要保护的历史特色区，或是空间资源地。这些地区受到市场开发的威胁，需要政府实施必要手段进行利益补偿，将这些限制开发区中不能使用的容积率折算成一定量的资金补偿给土地所有权人。

市场经济条件下，政府利用容积率的经济属性几乎可以达成任何建设目的，因此容积率红利是美国众多弹性开发控制手段中应用最为广泛的调控性措施。与容积率红利相关的开发控制手段包括：奖励区划（Regulations Zoning）、特别分区（Special District）、联合开发（Planned Unit Development）、开发权转让（Transfer of Development Right）等。

2. 容积率转移

容积率转移（Floor area ratio flow）是美国政府为了改善传统区划中因标准化空间生产模式形成单一、雷同的住宅形态而提出的一种创新手段，是指利用容积率所具有的空间设计弹性，在满足开发控制要求的基础上，开发地块内的容积率只要保持总体开发强度不变，可以根据设计者的要求任意浮动，创造出不同特色的空间形态。这里的转移是指在一定开发范围之内局部空间容量位置的改变，并无开发强度的改变，也无产权交易的发生（图2-11）。

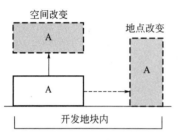

图2-11 容积率转移示意

容积率转移可以为所有权人及设计师提供更多的自主权。传统区划对地块内的开发控制方式中使用高度限制、建筑退后及后院进深等指标来限制建筑体量，目的是为了确保相邻地块间的建筑不得妨碍彼此的通风与采光，并使地块之间的街道上能够获取足够的阳光与空气（图2-12），乔纳森·巴奈特（Jonathan Barnett）认为这种方式"欠缺对地形、方位及附近建筑物的整体性考虑……"。在这种控制方式中，开放空间只是一种"副产品"，无法满足居民的活动需求，同时由于要求过细而导致在很大程度上扼杀了设计师对建筑及空间的创造性。容积率转移正是由于对开发"量"的控制而不是空间"形"的控制而广受设计师好评。

设计师可以通过以下几个方面创造出空间特色：在具有城市设计风格

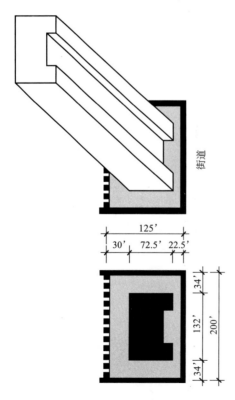

图2-12 传统建筑体量控制方式[82]

地段，可以通过容积率转移的方式将建筑下层空间统一转移到顶层而预留出停车场或公共活动空间；在城市中的历史保护地段，可以将历史建筑上空不能开发的容积转移到地段内其他地区集中开发；在乡村地区，可以将住宅进行集中开发并将开发地段内的农田保护起来；同时，还能够以这种方式创造出大量的开放空间。但是容积率转移发生在：或是局部地段内，或是单一的开发地块内，或是由一个开发商实施开发的几个地块内，由于并不涉及产权交易，属于所有权人的自愿行为，使政府对实际的开发效果很难掌控。因而，在私有开发地段内的容积率转移的结果很难为公众利益服务，转移之后预留出的开放空间地区很可能最终沦为开发商的另一块住宅开发用地。

3. 容积率转让

容积率转让是在容积率转移基础上发展出的容积率交易概念，最早于1961 年由美国开发商杰拉德·劳埃德（Gerald Lloyd）提出"关于密度区划的可转移密度"观点，后发展为开发权转让（Transfer Development Right，TDR）技术，是指为了弥补"警察权"行使的缺陷，将资源用地上空不能开发的容积率转移到指定的可开发用地中进行集中开发建设（图 2-13）的技术。容积率转让技术需要实施在两个地区：容积率限制建设区与可获得额外容积率的高强度开发区，其中限制建设区被称为容积率送出区（Sending Area），是指城市中需要保护的，阻止改变现有用途的地区；高强度开发地区被称为容积率接收区（Receiving Area），是指城市中有巨大开发潜力的，可以接收多余容积率进行更高强度开发的地区。与容积率转移概念相比，容积率转让将容积率转移的范围扩大到两个不同产权所有权人的地块之间，容积率转让在实施过程中不仅需要发生空间强度的转移，还需要发生产权的交换，因而容积率转让概念不仅强调容积率地点的"转移"，还强调所有权人之间的产权"交易"。但是在容积率交易过程中不能直接进入市场，送出区的容积率需要兑换为一定的开发权或开发信用（transfer credit）才能转移到接收区中（图 2-14）。同样，接收区中在接收开发权或开发信用之后，需要再重新转化为一定的开发强度才能进行开发建设。只有在明确送出区与接收区，及基本的转让率或兑换率基础上，交易双方适时通过公平交易，才能顺利完成容积率转让。

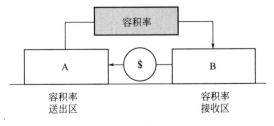

图 2-13　容积率转让示意

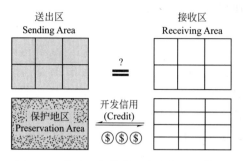

图 2-14　送出区与接收区之间的开发信用

容积率转让是通过政府设定的潜在开发潜力的转移来实现对城市空间的塑造，以容积率作为开发潜力的载体进行转移，最终实现利益的平衡与空间的优化。具有以下几方面的优点：①可以保护城市中有价值的特色空间，使某些地区积压的开发权重获使用机会，协调开发与保护的矛盾[83]。②可以将政府管制型的控制手段转变为市场型的管理手段，有助于发挥市场在资源配置中的作用。③有助于集中城市的开发强度，削弱美国城市蔓延带来的不利影响。

4. 容积率储存

容积率储存是指在前三种技术基础上对容积率进行综合调控的技术，实施过程中可视为开发需求对容积率进行均衡的分配或转让。此项技术最初来源于"远离地点（off-site）"概念，在容积率转让过程中，有时土地所有者很难在短期内确定出适合的容积率接收地，美国州及地方政府及时作出规定扩大接收地的可选范围，可远离容积率发送区，甚至可以跨越城市或县域。这种方式虽然增加了容积率转让的交易机会，但却由于涉及大量个人产权而造成地块零散布置，影响空间资源的整体优化效果，因此需要在城市或更高层面建立统筹机制，通过建立与分配开发信用，实现容积率的整体调控，容积率储存技术正是由此而来。容积率储存技术可视为一个调节器，通过储存实现时间上的统筹，通过转移实现空间上的统筹，通过转让实现利益上的统筹（图 2-15）。

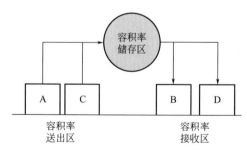

图 2-15　容积率储存示意

容积率储存技术通过两方面来实现对城市空间的整体优化与保护：一是承担中介角色，提供交易平台。通过政府或由政府授权的执行主体建立交易信用与价格机制，确定容积率送出地（Sending Area）和接收地（Receiving Area），并对容积率交易进行登记。二是调节开发市场，促进供需平衡。当开发市场低迷时，市场对容积率的需求变小，政府可作为购买方从送出区的土地业主那里购买预转让的容积率，并将其暂时进行适当储存，等待市场活跃时再出售给开发团体，实现容积率的市场流通，稳定开发环境。

2.2.2 容积率调控技术的产权属性

美国的土地私有制使土地产权的归属关系十分明确。容积率具有财产属性，因而容积率调控的本质是对开发地块中所有权人的产权进行调控，但主要的调控对象是针对开发地块上空未使用的空间。容积率红利、容积率转移、容积率转让、容积率储存，这四种调控技术具有一定的相似性，即都是以容积率作为利益诱导对象，以产权关系为调控基础，最终的目标都落实到不同性质空间的物质环境塑造上。但是，由于四种技术在实施过程中所涉及的产权结构不同，导致最终技术实施后所达到的空间形态塑造结果各不相同。这四种技术的产权结构形式可分成三种：单一产权调控、两种产权调控、多种产权调控（图 2-16）。

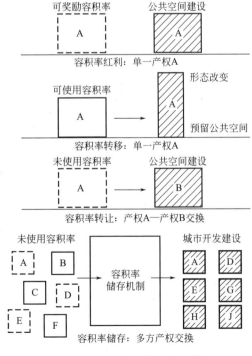

图 2-16 容积率调控的产权形式

1. 单一产权调控

单一产权调控是指容积率调控技术在实施过程中仅涉及一个产权关系的改变，不发生所有权人之间的产权交易。在容积率调控技术实施之前，实施地块的产权可能归属于政府，也可能属于私有业主或开发商。当产权归属于政府时，属于所在辖区的政府所有产权，政府可将部分使用权或开发权出租给开发商进行开发建设；当产权归属于私有业主或开发商时，则属于私有产权，政府无权干涉私有产权的使用。无论是政府所有产权还是私有产权，政府在资金有限、权力有限的情况下都需要借助于容积率调控技术来吸纳私有资本，从而间接影响私有资本开发，因此涉及单一产权的容积率调控技术在实施之后的直接收益归属于投资人，政府可以获得保护公众利益的间接收益，比如更多的开放空间、更少的公共资金投入等。

容积率红利与容积率转移都属于单一产权的容积率调控技术，但两者的产权归属不同，因而实施过程不同。容积率红利属于一种对公共物品的建设调控，政府通过对产权地块上容积率上限的放宽，希望换取的是更多的私有资本投资建设公共设施或公共空间；而容积率转移属于一种对私有产权地块内部的调控，政府放宽开发设计要求希望私有业主可以自愿提供更多的开放空间。但是，由于以上两种方式政府都没有开发的主动权，因而结果相似，即只有在对私有业主或开发商有利的情况下，容积率调控技术才能实施，因而技术操作的关键在于由容积奖励或补偿而创造出的收益是否会大于投资者的投入成本，也就是开发商或私有业主在提供公共设施或开放空间之后是否仍然获利。

2. 两种产权调控

两种产权调控是指容积率调控技术在实施过程中涉及两个所有权人的情况，容积率转让技术归属于这种调控形式。两种产权调控的实施过程是由产权转让人将未使用容积以开发权的形式转让给受让人的过程，也就是两个地块之间进行容积率交易的过程，具体可内含三方面改变：未使用容积在两个地块之间产生空间位置的"转移"、未使用容积归属的产权关系"转换"（产权归属从 A 到 B，见图 2-16）、容积率交易之后从虚拟化的开发潜力"转化"为具体的物质空间环境。

但是，由于涉及容积率的产权归属变更情况，因而需要具备几个基本条件，容积率调控技术才能实施，具体包括：①在容积率从 A 地块到 B 地块的转移过程中，开发权也同时随之转移。②A 地块与 B 地块的产权属于个人，不存在产权共有的情况。③政府需要承担管理者的角色，对交易过程进行记录，对交易结果提供监督与维护。④容积率的交易过程受到严格的法律保护，转让一旦发生，容积率不能重复交易，转让方的土地及空间资源需要被永久保护。

双产权调控技术在实施后的产权调整主要体现在两个方面：对转让方的

利益补偿，及对受让方的容积率红利。转让方由于被限制开发而利益受损，需要进行利益补偿，补偿的资金通常来源于政府，或是受让方。受让方为了获得更高的容积率而与转让方进行交易，只有这两方都能够从容积率调控技术中获利，双产权调控技术才能正常运作。

3. 多方产权调控

多方产权调控是指有多方产权所有权人参与到容积率调控实施过程中的技术，容积率储存技术归属于这种产权调控形式。容积率储存是在前三种容积率调控技术基础上发展出的综合调控技术，在加入"储存"这一时间要素之后，可以进行一定空间范围内所有开发地块上空未使用的容积的统筹与分配，实现多方产权利益的调整。容积率储存技术对多方产权的调控优势与要点包括：①对不同开发需求地块的财产利益整合。区位与开发环境会影响到开发权的市场价格，容积率储存技术可以利用银行或基金中的政府资金整体收购那些位于偏远、无人问津的资源地区的开发权，使这些地区的空间资源得到及时保护，又维护了所有权人的财产利益。例如，2001 年，西雅图市的开发权银行成功收购了市内两座艺术剧院的开发权，并将这些开发权成功出售，所获得的资金用于建设西雅图贝纳罗亚交响乐厅（Seattle Benaroya Symphony）。②平稳市场价格，创造产权交易良性竞争环境。多方产权调控技术可视为一个信息数据库，所有的规划更新地块，或所有希望进行容积率交易的私有业主或开发商都可以将其交易信息记录在案。任何进行交易的所有权人都可以获得全面的交易信息，公平的交易环境，及合理的市场价格。例如，马里兰州的 Calvert 县政府通过制定简报的方式，为交易双方提供价格、保护用地属性等交易细节。③兼顾政府的财产利益。政府作为产权被调控者之一，也可获得产权增值收益。在前两种调控形式中，政府只充当管理维护者或建设引导者的角色，并不参与调控过程。多方产权调控技术要求政府前期投入一定的公有资金作为运营成本，因而容积率调控过程中政府的收益也会受到容积率价格的影响。即在市场低迷时可以收购开发权，存入银行中等待时机好时再出售，整个过程可使政府从中获利。1997 年，西雅图市在城市中心区设立的 TDR 银行，从 359 套低收入住宅中购买未使用容积，共花费 190 万美元，并以 220 万美元的高价将这些开发潜力出售[84]，为政府部门取得了一定的合法收益，有利于政府进行再一次投资，形成良性循环。

2.3 容积率调控的行动依托

容积率调控技术的实施贯穿了美国城市规划实施管理制度的全过程，因而其技术的行动依托就是由与开发管理相关的控制框架与管理框架共同组成。

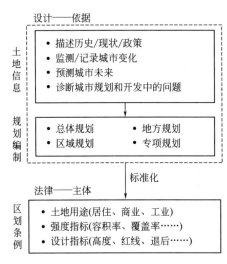

图 2-17　容积率调控技术的控制框架

2.3.1　刚柔并济的控制框架

由于美国对土地及空间开发控制的执行主体是州及地方政府，联邦政府很少涉及，因此美国各地区所制定的开发控制框架内容相差很大，几乎很难找到相同的控制形制，但总体上，绝大多数城市或地区开发控制框架的结构是以"规划＋法律"相结合的标准形式出现，同时融入地方性政策[85]。也有部分地区只使用其中之一作为开发控制主体，如纽约市1990年代以后才出现总体规划，在此之前一直通过直接拟定区划条例来实施开发控制，而休斯敦市则没有区划条例，主要依靠规划体系来指导市场开发。在这个由"规划＋法律"组成的控制框架中（图2-17），规划与法律的分工不同，规划设计提供技术分析与设计依据，对城镇未来的土地使用规模、格局作出预测与展望，但并不参与实际开发管理；法律管制将规划设计内容进一步标准化、程式化，使其转化成为实现某些政策目标而采取的一系列实施条件。

1. 各级规划提供控制依据

美国是一个联邦制的国家，主要的规划权力归属于地方政府，如 Cullingworth 指出的："美国有 40000 个执行区划的地方政府……大部分州都拥有自治权，而每个州都有自己的历史、文化和宪法"[86]。因此，联邦政府没有统一的规划部门，实践中的规划形制依据具体建设目标来制定，如野生动物保护、历史文化保护、住宅供应、高速公路建设等，因而美国各级政府部门的规划类型多种多样，从总体到专项、从区域到邻里，不一而足。这些规划类型如果按照编制规划的政府级别来划分，可以划分为州政府主导的区域性规划，如华盛顿州、俄勒冈州、加利福尼亚州等制定的增长管理规划；地方政府主导的城市总体规划、专项规划、社区规划等。如果按照规划的实现目标来划分，又可划分为更新规划、中心区规划、环境保护规划等类型（表2-3）。

在众多规划类型中，由州政府授权、地方政府主导编制的城市总体规划（综合规划）最为重要，也是区划法编制的主要依据。城市设计师保罗·施普赖雷根（Paul Spreiregen）曾经提出："没有全面编制的总图，区划就像一套缺少施工图的详细建筑说明，或是有了一套烹调材料却没有食谱一样。区划应当占有恰当的地位，即以法律手段强制推行一个总的城市观念。"很多州明文规定了总体规划的重要性，如加利福尼亚州的《与保护、规划和区划相关的法律》（Laws Relating to Conservation Planning and Zoning）中指出："每一个规划委员会和规划部门都应编制并审批综合的长期规划，这些规划应当是有关于城市、县、地区或区域的，以及尽管是位于边界之外但委员会认为与规划有着密切关系的物质空间。"在同一个规划区内的"设计与立法"框架下，综合规划与其他各种类型的规划相互关联，通过土地信息支持系统分析与开发地点及空间有关的数据，追踪规划地区的人口、经济、环境、土地使用、基础设施等方面的信息，预测规划地区的现状和未来发展趋势，形成有效的规划实施网络（图 2-18）。

美国城市规划类型[87]　　　　　　　　　　　　　　　　表 2-3

起始年代	规划类型	特点
1928 年	城市总体规划	10～20 年修编，对城市用地作出宏观安排
1920 年代	市政投资规划	根据总体规划提出公共设施项目规划
1949 年	社区发展规划	社区内小规划发展计划
1960 年代	城市设计	二次订单的设计，介于规划与建筑设计之间
1969 年	环境规划	设立环境影响评估标准，减少对生态的负面影响
1970 年代	增长管理	对地区发展建设总量、时间、地点、边际设定目标
1960 年代	区域规划	对区域内的交通、供水、污水处理、住房、环境等为一体的综合性规划
1970 年代	交通规划	对现在交通系统的优化管理
1980 年代	经济发展规划	新增建设投资可以增加地区和就业，政府提供一定的优惠政策

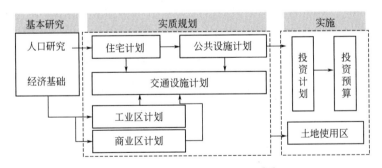

图 2-18　美国的综合规划流程[88]

2. 区划法作为控制核心

相对于规划的技术属性，区划法在美国开发控制体系中具有法定性，起到基石作用。美国城市规划百科全书中对区划法的定义是"为了控制、引导土地的使用和开发，根据现状及未来可能的用途，而对城市土地进行的划分。"[89]美国城市规划协会的第一任主席阿尔弗雷德·贝特曼（Alfred

Bettman）将区划法概括为"建设开发与财产使用的用地规则。"[90] 可见，区划法将城市总体规划中对未来城市的预测构想编制成可以进行开发管理的法律性文件，区划地块的过程，从经济学角度分析，是将土地价值赋予与分配的过程，从规划角度分析，是将从单一开发地块到城市总体用地开发强度标定的过程。

区划法之所以能够成为美国开发控制体系的核心，主要原因有二。首先，区划法是一种依法裁量权（By Rights），具有标准化的形制规则。这种形制的授权方式只有两类[91]：一类来源于"地方自治条例（home-rule state）"，允许地方政府自行制定区划条例，不需要得到州政府授权；另一类来源于"狄龙规则（Dillon's Rule）"，即需要州政府对区划条例进行设定，并授权地方政府来执行。在这两类依法裁量权形制下，对提高市场开发效率、保护所有权人的财产利益十分有效。对于开发商来说，只需通过对区划条例及图则的查询就可以明确开发规则、掌握市场相关信息，有利于减少开发风险；对于私有业主来说，区划意味着通过"法定干预"方式将私有土地的财产价值确定下来，不易受到周边环境的影响；对于政府来说，可以有效降低行政管理成本，杜绝区划执行过程中的贿赂与腐败案件发生，并稳定地价与政府的税收。因此，具有依法裁量权的区划法很快得到美国社会大众的认可。

其次，区划法被赋予"警察权（police power）"。警察权最初来源于妨害法（nuisance law）禁止土地所有权人在行使权利过程中给社会公共或是私人财产造成危害，因而警察权的行使目的在于保护公共利益，其法律效力是由《独立宣言》中的公众对政府管理的授权来实现的："为了保障这些权利，需要在人们中间成立政府，政府存在的唯一理由是要确保每个人享有生存、自由与追求幸福的权利，一旦政府破坏了这些，人民都有权改变该政府或将其废除……"。这种权力赋予政府可以对违法的私有开发行为采取一定的限制措施，而不需给予所有权人任何补偿。警察权在执行过程中需遵循两点原则：①警察权的行使必须符合公众要求，以保护公众的健康、安全、伦理及福利为最终目的；②警察权需要受到宪法的约束，不得滥用。

综上所述，在美国开发控制体系中，由"规划与立法"两者结合共同构成容积率调控技术的控制框架，其中规划是立法的基础，立法是规划的实现与执行手段。在实践中，一旦区划条例出台，具有明确的法律地位，其修改与更正需要经过繁复的程序。因此，很多地方政府先制定出综合规划，并以综合规划的主体内容作为开发标准试行，经过一段时间之后，根据公众的反应对规划内容进行再次修改，再推出相应的区划条例。有时由于地方政府的自治权，将综合规划与区划重叠设置，例如，西雅图市早在

1985 年的综合规划中就提出了相应的容积率奖励与开发权转让制度，但直到 2000 年才将这些内容写入区划条例。这些只是少数现象，美国的法律制度相当严格，在司法权监督的前提下，规划不具有法律效力，仍然无法取代区划法的主体地位。1980 年，马里兰州蒙哥马利郡政府制定了综合规划指导地方政府管理开发，1987 年，部分所有权人认为综合规划内容构成了对其财产的不合理征收而向马里兰州法院提请诉讼，州立法院经过衡量之后作出判决，认为由于综合规划不具法律地位，因而不能对所有权人的财产进行征收。蒙哥马利郡不得不在综合规划基础上修订区划法。由此可见，区划法虽然历经变革，但其在美国城市开发控制体系中的核心地位是不可动摇的。

2.3.2　行动依托的核心内容

1. 区划法的主要内容

区划法是地方政府在州政府的授权下，为了高效开发土地而制定的成文法规，主要由区划本文和区划图则两部分构成。区划本文主要是阐述区划的管理规定，区划图则主要是为了配合本文而标明具体区划地块的位置、边界、性质等。区划法的一般性控制内容包括：土地分区及用途划分、开发强度控制、空间形态控制三大方面。

土地分区及用途划分：主要按照土地使用的相容性要求呈"金字塔"式排列，分为三个大类用途，其中居住（Residential）用地在最上层、商业（Commercial）用地居中、工业（Manufacturing）用地在最下层。越往下层的土地使用越具有兼容性，即居住用地只能用于居住区，而商业用地可以被开发为商业区，也可以作居住用地使用，工业用地则居住、商业、工业都可以使用。每类用地下设亚类分区及亚子类分区，所有的亚子类分区再规定出详细的地块使用性质及开发强度（表 2-4）。区划法中规定，在同一个区划覆盖区内，凡是相同性质的开发地块上的开发强度相同，保障私人财产利益的公平与公正。

纽约市区划用地性质分类[92]　　　　　　　表 2-4

基本用途	亚类分区
居住区（R）	R1、R2、R2X（单一家庭独立式住宅区）；R3A、R3X、R4A（独立式住宅区）；R3-1、R4-1（独立式和半独立式居住区）；R3-2、R4、R4B、R5、R6、R7、R8、R9、R10（一般居住区）
商业区（C）	C1（地方零售区）、C2（地方服务区）、C3（滨水休闲娱乐区）、C4（普通商业区）、C5（限制中心商业区）、C6（普通中心商业区）、C7（商业娱乐区）、C8（普通服务区）
工业区（M）	M1（轻工业区）、M2（中等工业区）、M3（重工业区）

开发强度控制：传统区划中主要使用建筑高度与街道的比例来控制开发地块内的建筑体量，例如，在纽约市1916年的区划条例中，从宏观层面上将城市划分为5个高度区，开发地块内的建筑高度不得超过临近街道宽度的1倍地区、1.5倍地区、2倍地区、2.5倍地区及2.5倍以上地区（图2-19），这些指定地区内新建筑高度不得高于对街道宽度的倍数要求，但电梯间、护栏、檐口、建筑上部的退后、尖顶等建筑局部可以例外，超出部分高度限制范围[17]。1950年代末"容积率"与"密度"逐渐替代了传统的控制方式。相较于传统的"建筑街区比例"方式来说，这种开发强度控制方式对于空间的财产属性更为明确，而空间设计更具创造性。以纽约市区划条例中的居住用地开发强度控制为例（表2-5），纽约市的居住用地分为R1~R10十个亚类分区，每类分区中的开发强度依次增高，R1最低，容积率设置为0.5，R10最高，容积率设置为10（部分高密度开发用地如果提供设施则可增加到12）；每个亚类分区下再设出亚子类分区，将容积率数值最终标定到每一个开发地块上，如R1-1、R1-2。最终使每一个产权地块都能够"地块定性，空间定量"，只需遵守地块边界，无须受制于空间边界的限定要求。与容积率指标相对应，其他的开发强度控制指标还包括旷地率、覆盖率等，主要表达开发地块内开放空间或建筑物与场地之间的关系。

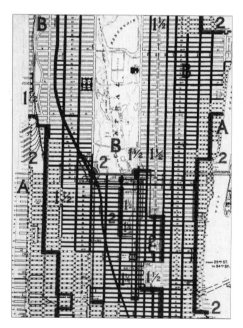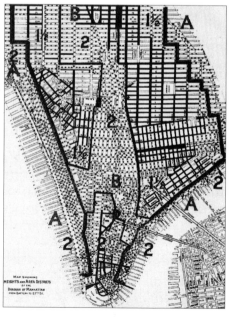

图 2-19 1916 年纽约曼哈顿区高度与面积区控制图[93]

纽约市区划条例中居住区用地类型及容积率要求[92]　　表 2-5

用地编号		用地性质	最大容积率	覆盖率(%)
R1	R1-1	单一家庭独立住宅	0.5	—
	R1-2	单一家庭独立住宅	0.5	—
R2		单一家庭独立住宅	0.5	—
R2X		单一家庭独立住宅	0.85,有阁楼+0.17	—
R3	R3-1	单一/双户式住宅独立/半独立	0.5,有阁楼+0.1	—
	R3-2	一般住宅区		—
R3A		单一/双户式住宅	0.5,有阁楼+0.1	—
R4		一般住宅区	0.75,有阁楼+0.15	—
R4-1		单一/双户式住宅独立/半独立	0.75,有阁楼+0.15	按场地要求
R4A		单一/双户式独立住宅	0.75,有阁楼+0.15	按场地要求
R4B		单一/双户式住宅独立/半独立	0.9	55
R4 加密区		所有住宅类型	1.35	55
R5		一般住宅区	1.25	55
R5B		一般住宅区	1.35	55
R5 加密区		所有住宅类型	1.65	55
R6		一般住宅区	0.78~2.43	—
R6A		一般住宅区	3	转角处-80 内部/穿越地块-65
R6B		一般住宅区	2	转角处-80 内部/穿越地块-60
R7		一般住宅区	0.87~3.44	—
R7A		一般住宅区	4	转角处-80 内部/穿越地块-65
R7B		一般住宅区	3	
R7X		一般住宅区	5	转角处-80 内部/穿越地块-70
R8		一般住宅区	0.94~6.02	
R8A		一般住宅区	6.02	
R8B		一般住宅区	4,在曼哈顿8区如果提供设施可增加到5.1	转角处-80 内部/穿越地块-70
R8X		一般住宅区	6.02	

用地编号	用地性质	最大容积率	覆盖率(%)
R9	一般住宅区	0.99～7.52	—
R9A	一般住宅区	7.52	转角处-80
R9X	一般住宅区	9	内部/穿越地块-70
R10	一般住宅区	10,提供广场、拱廊、低收入住宅＋2	—
R10A	一般住宅区	10,提供低收入住宅＋2	100

空间形态控制：主要通过面积区（Area Districts）概念影响开发地块内的建筑体量与空间环境，面积区的实质是通过一些与空间设计相关的指标来控制，包括：建筑高度（Height factor）、开放空间率（Open space ratio）、天空曝光面（Sky exposure plane）、建筑退后（Setback）、建筑红线（Street-line）、临街面（Street wall）、院落进深（Depth of Rear Yard）、院落高度（Heigth of Yard）等。这些指标是在地块内开发强度确定的基础上，对地块内环境设计或建筑立面控制设置相关的一些空间形态指标，通过这些指标的设定，可以确定出各地块内不同的建筑体量开发模式，作为地块开发的导控标准（表2-6），力求在开发地块内塑造出多样的空间形态，获得更多的开放空间，保障公众的健康、安全与福利。

纽约市传统区划法中规定的地块开发要求[93]　　表2-6

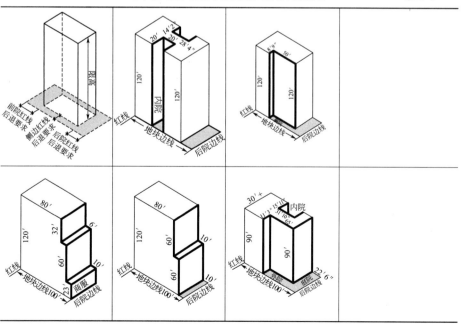

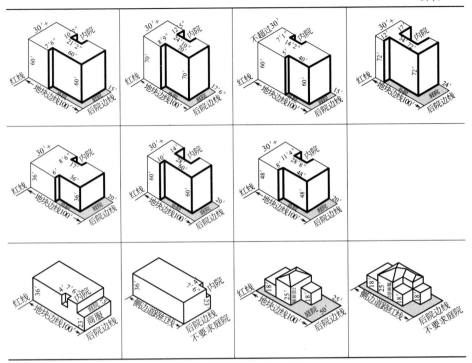

以上这些标准化的控制方式在控制土地效益、保护公众权益、稳定土地价格方面都起到重要作用，但是刚性过强同时也带来了一些负面影响。随着时间的推移，在原有区划控制的基础上，美国很多城市在各自的开发控制体系中探索出一些区划改良策略，其中与容积率调控技术直接相关的区划法主要包括[67]：

① 条件性区划（conditional zoning）。获得土地所有者的承诺，必须提供一定比例的其他项目，如捐献土地，或者为公共利益作出其他让步，以提高开发强度作为回报。②规划单元整体开发（planned unit development）。在包含两个或两个以上分区的较大规模开发中，管理部门可以允许开发者在保护整体控制指标不变的情况下，适当提高建筑密度，自由安排空间布局。③集束分区（cluster zoning）。允许开发选址和容积率的调整，只要单元总数不超过特定的开发总量。④奖励区划（incentive zoning）。当地方政府希望能够获得额外的公共设施或开放空间时，对原有容积率限制给予一定程度的放宽。⑤开发权转让（transfer of development right）。设定保护区与开发区，通过容积率转移的方式，实现保护区的限制开发与开发区的鼓励开发。⑥特别分区（special zoning）。针对城市中一些具有特殊环境价值的地区，通过适当的保护性建设可以换取一定的面积奖励。⑦特别评估（special assessment）。针

对某些特定地区，政府条例或规划许可条件的改变可能引起某些地块增值而另一些地块贬值的现象。在这种情况下，通过特别评估方式，利用地块增值的收益来补偿受到负面影响地块的所有权人，可使由政府行为引起的土地价值重新分配更趋于合理。特别评估的最大益处是将由区划条例引起的外部效应内部化，从而最大限度地减少政府补偿。

2. 空间体量单元设定

通常情况下，区划法的最小开发单元应理解为"产权地块"[94]，即二维平面的具有产权边界的开发地块。事实上，每一个开发地块在被区划法赋予了一定的开发强度之后，就已经从"平面"脱离出来，成为具有一定容积的"空间体量单元"（图 2-20）。

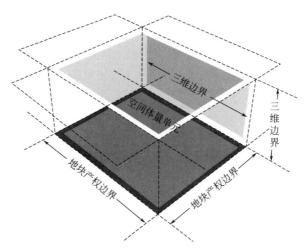

图 2-20　空间体量单元的产权边界

美国纽约市在 1961 年的区划条例中对"体量单元（bulk unit）"的描述为[95]：空间体量是用于描述建筑物或构筑物的规模以及建筑物与开放空间和地块连线关系的专有名词，主要包括：建筑物及构筑物的规模与尺度（包括高度和楼地板面积）；居住建筑在一定区划地块中的面积（容积率），或是与区划地块面积相关的住宅单元及房屋数量（密度）；建筑物或其他构筑物的形态；与地块边界相关的建筑物或构筑物的外墙位置，及与地块内其他外墙、窗户及其他构筑物的关系；与建筑物或构筑物相关的所有开放空间及其相互关系。

因此，将区划法中的最小开发单元定义为"空间体量单元"更为合理，其可被视为开发之前的一种"待加工产品"，通过市场开发，才能成为具体的空间产品。其设定方式概括为两个层面，即二维地块产权边界限定与三维空间产权边界限定。清晰限定空间体量单元的产权边界可以明确空间的财产价值与产权归属，减少私有财产因界定不清而带来的利益纠纷。

（1）二维地块产权边界限定：开发地块（lot，parcel）是空间开发单元的基础要素，也是区划图则（zoning map）中地块划分的最小单元。区划图则中的基本构成要素为开发地块、街区（block）、街道（street）[94]，开发地块（图 2-21 中的地块 A）是由经过精确测量的产权线围合而成的地块，每两种大小相同、背对背的矩形产权地块组成一个街区，每个地块至少要一面临街。几个街区通过纵横交叉的街道相联构成完整的城市区划图（见图 2-21）。对一个开发地块的设定基准是由对地块的定位开始的。定位是指对开发地块的位置标定。位置标定通常是按照 19 世纪末制定的美国政府测量体系确定的。划分方法为：南北向的子午线和东西向的基线在全美本土 48 个州构成 36 个方块。与东西基线平行、每 6 英里划为一个"镇区（township）"，与南北子午线平行、每 6 英里划为一个"界区（ranges）"。如果标定一个子午线和基线的交叉点，就可以确定出一个产权地块。如：Township 2 North，Range 6 West，Cimmaron Base and Meridian，意思表示为：以西马仑（Cimmaron）的子午线和基线的交叉点为基点，向北第二个镇区，向西第六个界区，也可以缩写为：T2N，R6W，C. B. & M[96]。运用这种方法只要说明地块的数字即可在地图上标定产权地块的位置。

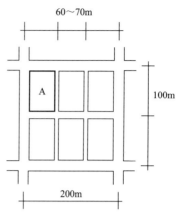

图 2-21　产权地块及街区的基本尺度

（2）地块产权边线的测定：产权边线的测量来源于 18 世纪，定型于 19 世纪初。1733 年，萨凡纳（Savannah）作为英国的殖民地，是美国第一个进行几何模式规划的城市。在面积约 2.2 平方英里的城市区域内布置了 6 个划分整齐的街区，街区中分割出小的建筑地块，每个尺寸为 90 英尺×60 英尺，每个区中还设有 315 英尺×270 英尺的广场[97]。由于地块划分使萨凡纳在之后的 100 多年里城市得到良好的发展，成为美国城市规划的典范。到 1811 年，纽约市根据城市测量师卡西摩尔·高尔克（Casimer Goerck）绘制出的矩形街区地图进行规划，将这种方格网加广场的土地划分方式扩大化，形成今天美国城市最基本的布局模式。产权线围合出的产权地块布局尺度遵循标准的几何模数，虽然不同城市的产权地块的边线尺寸、街区组合方式可能有所差异，但最终呈现出的城市形态布局形式十分相似（图 2-22）。产权地块的设定等于将空间体量单元的待开发"身份"标定，可以最大程度地保证房地产开发的便利。纽约测量师兰德尔（Randall）曾将这种划分方式描述为："固定不变的持久用途是房地产的买进、卖出和改善。"同时，在开发管理上，地价和地产税（property tax）的评估与管理，地籍（land ownership）和房地产交易等法律文件（deed and title records）的存档和保管都是以产权地块为基础建立的。

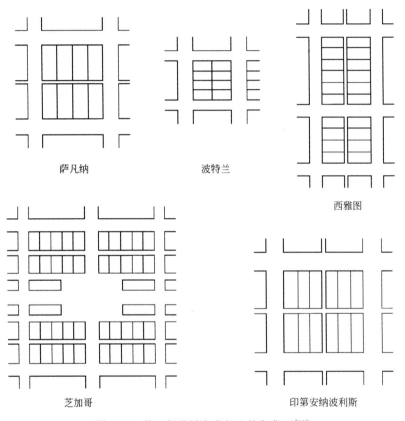

图 2-22　美国部分城市产权地块与街区[98]

（3）三维产权空间边界的设计与选择：空间体量单元的产权空间边界是开发地块边界在三维空间中的延伸，承载着产权地块上需要被转化为物质空间环境的空间容量。与开发地块标准化划分方式相比，产权空间是进行城市设计与特色创造的部分，具有"定量而不定性"的特点，由各个地方政府根据规划目标与用地性质进行具体设定。每一个产权空间都可以充分发挥设计师的创造性与想象性。如通过纽约市 1970 年代曼哈顿地区的平面与立面图底关系对比可以发现（图 2-23），虽然平面上产权地块的划分方式遵循着方格网与广场结合的几何形制，但产权空间部分却通过高低不同的建筑体量与屋顶处理方式展现出多样化的城市空间形态。产权空间中的开发容量虽然在产权地块中形态可根据开发条件进行适应调整，但每个产权地块上的开发容量在区划法中的设定是标准化且不容随意修改的，代表了每个空间开发单元的私有财产价值。

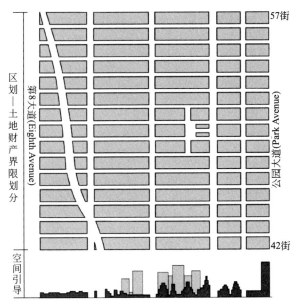

图 2-23　纽约曼哈顿地区平面与剖面图底关系[74]

2.3.3　三权分立的管理框架

美国容积率调控技术实施中所依托控制框架的核心内容是区划法，因此与控制框架相对应的管理框架的主要内容仍然是以区划法的管理展开的。美国是联邦制国家，政府体制高度分权，根据美国宪法第十条修正案规定："本宪法所未授予合众国或未禁止各州行使的权力，均由各州或人民保留。"因而区划法的行使主体被下放到地方政府，联邦政府很少涉及城市内具体地块的开发管理问题，只以间接方式通过法案授权对基本运作形式及方式作出规定。州政府则以授权的形式对地方政府施加间接性的影响。如在弗吉尼亚州的规划授权法中要求，所有的城市、城镇、县等都需要设置规划委员会，并制定综合规划。美国的地方政府拥有高度的自治权，可以根据所在辖区的空间特色设置独特的开发管理框架，但土地及空间开发管理从本质上说仍属于一种政府行为，因而几乎所有地方政府制定的开发管理框架都有着相似的结构，即遵循美国"三权分立"政体模式，具有立法、行政、司法相互制衡的管理框架（图 2-24）。其中，立法权的行使是由州及地方政府的立法机构通过区划条例来实现的，也是其他两项权力行使的依据。行政权的行使是管理与修正标准区划控制的主要内容，而司法权的行使则是对行政权实施的监督。

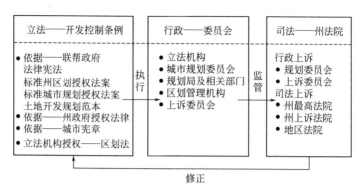

图 2-24　美国开发管理框架下的三权制衡结构

　　首先，立法权管理是通过地方政府制定的地方规划法规来实现的，包括区划法及其他相关法律。地方规划法规的制定需要依据三种法律：一是联邦政府的法律法规。除了宪法之外，联邦政府制定的其他与城市建设有关的法律法规往往与国家建设导向与投资政策相关，这些政策会对州及地方政府的开发市场及工作重点起到推进作用，如1957年的《住宅法案》、1969年的《国家环境政策法案》等。因而地方政府在制定开发法规时需要以联邦法规为政策导向。二是州政府的授权法。州与州之间的立法存在较大差别，但各州的立法机关都通过设定标准授权法案来实现对地方政府的开发控制体系进行界定，如《规划授权法案》(State Enabling Legislation)、《区划法案》(Zoning Act) 等[99]。三是地方政府的城市宪章。有些州在州宪法中要求地方政府制定"完全拥有者的宪章（Freeholders Charter）"对地方城市实施监管。这些宪章的内容往往比州的法律更为具体[100]。根据以上三种法律规定，地方政府设定出的与容积率调控技术实施相关的地方法律主要是区划法，有些地区也编制相应的总体规划，但没有法律效力。区划法一旦由地方政府的立法机关通过后就成为地方的开发法律，任何开发行为都必须严格执行，违反区划法的行为被视为违法。如果开发项目需要对区划条例进行修改，需要在政府职权范围内依照法定程序进行申请。

　　其次，行政权管理是通过由地方政府授权的规划管理机构对区划法的管理来实现的。这些机构绝大部分是由城市选民选出的法定机构，主要包括：①地方政府的立法机关：主要是指地方政府的议会，为城市中的决策者服务，可以根据城市发展政策制定规划目标，制定区划及任命规划委员会等。②规划委员会：通常是由地方立法机关指定的社区成员组成，他们通常是从事各种行业的代表，主要职责是组织公众听证会、调查及获取多方信息、制定及修改区划条例、设置执行与管理标准等。规划委员会代表着公众利益，可以有效地协调立法机关与规划部门之间权力限制与技术表达之间的矛盾。③规划局及政府相关部门：一般情况下，规划委员会在区划法的执行与管理过程中需要由专业的城市规划师组成的规划局及相关部门予以技术上的协助。④区划管理机构：在某些大城市，由于建设项目复杂，在规划委员会基础之上成立专门的区划管理机构，主要是为某些具体的申请案提供相关的区划条例解释，并在授权的情况下对区划条例进行修正。⑤上诉委员会：主要受理当规划委员会制定的区划严格影响所有权人利益时，所有权人向上诉委员会提出的上诉。

最后，司法权管理是针对区划法的变更及调整情况而确立的。虽然立法实施的决策权掌握在由公众选出的政府官员手中，但区划法的控制涉及土地所有权人的私有利益，地方政府的决策经常受到挑战，在很多情况下，公众利益保护与私有财产侵犯的界线很难划分清楚，因此法庭可能才是最终的裁决者，规划委员会与私有业主常常需要诉之公堂才能达成协议。司法诉讼过程有效促进了区划法的发展与演化。司法权的执行可以进一步划分为行政上诉和司法上诉。行政上诉主要通过规划委员会或上诉委员会解决。对于某些特殊用地，规划委员会可以通过设置"特殊例外（special exceptions）"，使之可以不受区划条例的限制。但这些例外申请只是极个别情况，一般情况下，如果土地所有权人希望修改区划，需要向规划委员会提出"再区划（rezoning）"申请，规划委员会组织公众听证会，并向立法机构提出修正建议，在得到立法机构允许之后，方能对区划进行修改[101]。如果所有权人的申请被驳回，可以直接向法院提请司法上诉，由法院进行最后裁决。由于区划法是由州政府对地方政府的授权，因此所有权人的司法上诉受到州最高法院的限定，法院会根据以往同类判例判断规划委员会制定的区划法内容是否构成侵害私有财产所有权人的利益。

2.4　容积率调控的实施环境

任何技术或制度的实施都离不开具体的实施环境，美国特定的社会环境造就了容积率调控技术，使之在规划管理中发挥作用。影响容积率调控技术实施的制度环境主要包括：高度分权与自治化的政府管理体制、深入人心的私有财产保护意识及自由市场中形成的土地产权制度。

2.4.1　双向限权的政体组织构架

美国政府是典型的联邦制，联邦制就是关于中央政府与州政府之间的权力划分体制，不同政府之间的组织原则受到宪法的制约。宪法的制定者们借鉴了孟德斯鸠的思想，即"要防止滥用权力，就必须用权力约束权力"[102]。

但宪法的立法者们对权力的分享与限制有更成熟的观点。他们认为分权的关键不在于把权力分得很散，而是在于保证立法权由立法机关行使，行政权由行政机关行使。制衡的有效办法不是分开权力，而是分开机构[103]。因此，美国宪法中所倡导的政府体制是限权型制度，立法者们相信，"只有保护各机构间适度的权力平衡，才能正确地实施权力，同时制约掌权者们滥用权力。"限权型制度可表现为纵向限权运作与横向分权制衡两个方面。

1. 纵向限权管理

纵向限权运作将政府体系划归为三个层次，联邦政府—州政府—地方政府（图 2-25）。联邦政府是指中央政府或合众国政府，由 15 个内阁部组成，行使国防、外交、科教、经济、安全、内政等国与国、州与州之间的利益关系调整。州政府共有 50 个，与联邦政府共同组成合众国，在州的权限范围内享有相当大的自治权。州政府负责大部分城市建设，如高速公路的建设与维护。美国宪法中规定联邦政府与州政府的地位是平等的，只是分工不同。无论是联邦政府还是州政府都不得单方面修改宪法，在联邦政府提出宪法修改案之后，需至少得到 3/4 的州议会通过，才能生效[104]。

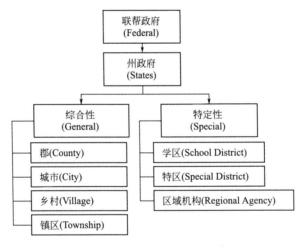

图 2-25 美国政府的基本组织构成

相对而言，地方政府是管理与进行城市建设最重要的行政体制，负责地方治安与管理。文森特·奥斯特洛姆（Vincent Ostrom）将美国地方政府定义为："为满足不同利益群体的共同需求而产生，履行各种不同类型的服务，为数众多的地方单位。"地方政府的设置由各州决定，形式多样，按功能可细分为综合性（General purpose）与特定性（Special purpose），综合性的服务权限较广，如城市（City）、村庄（Village）、郡（County）、镇区（Township）等，特定性是对综合性政府的职能补充，履行单一功能，如学区

（School District）、特区（Sepcial District）等。这些地方政府彼此独立，互不包含（各州需求不同，地方政府形制不同）[105]。这三级政府的管理权限没有上下级的隶属关系，而是相互约束与合作关系，没有哪一级的政府可以拥有绝对行政权力，虽然在州的管辖区内，地方政府的管理权限多来源于州政府，但在很大程度上彼此的事权、人权、财权也都相互独立。

值得一提的是，社区是近几年来美国城市中进行规划编制与实施的又一政体形式。1990年代，克林顿总统在"重塑政府"运动中提出了政府间的分权构想，有力地推动了美国的社区自治。1993年，社区事业委员会在联邦和州政府的资助下成立，进一步促进了美国社区政体的发展。社区（Community）按照美国国家调查委员会（National Research Council）的定义，是指一群相邻且有共同利益目的、能够相互帮助、相互扶持的人组成的居住团体。社区政体以市场为依托，是地方政府政策执行的有生力量，可以比地方政府更能贴近公众与私有开发团体，保证政府政策的实施效果。

2. 横向限权管理

横向分权制衡是指美国实行的"三权分立"制度，三权分别是立法、行政、司法三种权力，分别由议会、政府、法院独立行使，地位平等、相互监督、相互制约。在宪法中，这三个政府权力机构是平等的，没有最高权力机关。同时，强调三者权力的相互制衡，没有一种权力可以凌驾于其他两种权力之上。联邦政府与各州政府都是通过三权分立的形式来组织政府机构。在联邦政府体系中，立法权归属于国会（参议院与众议院），行政权归属于总统（总统及内阁），司法权归属于联邦司法机关（联邦最高法院、上诉法院、地区法院）。国会可以立法，但总统及内阁可以给予否决。同样，总统签订的条约，也必须得到国会的支持才能生效，联邦法院对以上两个权力机关进行审查与监督，通过这种方式达到相互制衡的目的。在州一级的政府体系中，其权力划分与联邦政府相似，立法权归属于州议会，也包括参议院与众议院；行政权归属于由州宪法任命的州长及其领导小组；司法权归属于州的司法体系，包括州初审法院、州上诉法院及州最高法院。地方政府的组织机构也基本按照三权分立的原则设定，但由于各地方政府的人口数量、管理规模等相差极大，加之地方政府在城市建设与管理中的自治权限较大，因而政府组织模式具有一定的灵活性，发展出市长暨议会制（类似于联邦政府体制）、城市经理制（议会选举市长）、委员会制（立法与行政合一）等多种管理体制[106]。

2.4.2 广泛的私有财产保护意识

美国宪法第十四修正案规定："所有出生于或移民到美国的公民，享有作为美国和所居住州公民的权利。没有正当的法律程序，任何州不得制定和实施法律剥夺任何人的生命、自由和财产；也不能否定在法律面前人人平等的权利。"这两个条款所倡导的基本理念为"私人财产权先于政府而存在，在道德上不受多数人的干涉"[107]，从中可以发现美国社会观念中私有财产保护的意识十分强烈，并且这种观念已经被完整地贯彻到美国的规划与法律体制运作过程中。容积率调控技术实施的目的之一在于补偿所有权人的利益损失，区划法的颁布是为了标定开发地块中的私有财产。所以可以认为，这种私有财产保护意识深刻影响着容积率调控技术的发展与演变。

1. 美国法律体系的来源与特征

美国所采用的法律体系属于英美法系，也称为普通法（Common Law）。英美法系起源于 11 世纪的英国，是以普通法为基础、以衡平法为补充而发展起来的法律总称。1066 年，居住于法国北部的诺曼人在其首领诺曼底大公的率领下征服英国，称帝威廉一世，建立诺曼王朝，实现英国政治与法律制度的统一，开创了普通法时代。威廉一世在加强中央集权的同时，派官员到全国各地进行巡回审理，逐步建立了一批国王法院，也称为普通法院，这些官员作为巡回法官可以以国王的名义行使审判权，依据他们所认为的公正原则对法律纠纷作出裁决，形成了英国最早的法律，被称为不成文法、普通法或判例法。14 世纪以后，为了方便英国国王的直接统治，也为了补充不成文法的不足，由英国枢密大臣法院创立了衡平法（Equity Law）来作为辅助性法律。衡平法是指当案件当事人觉得在普通法法院中得不到正义时，可以转而寻求衡平法法院的支持，两种法律制度共同构成了"普通法系"的主体内容。

美国在 17 世纪英国殖民时期开始被迫使用普通法，但由于当时大多数的殖民地都已经制定了简要的法定规则，普通法最初只是一种补充性法则。随着英国对殖民地统治的加强，普通法在北美殖民地的影响加深。独立战争之后，美国逐步确定了与英国相似的普通法体系。但 20 世纪以后，英国普通法体系的复杂性与保守性已经不适合美国社会的发展，又由于唯实法学派等主张规则应符合社会的需要[108]，美国开始在英国普通法系基础上进行改革，形成目前独具特色的美国法系。美国法系具有三方面的特色：一是继承了英国法的核心机制，即法系主体由普通法与衡平法两部分构成，以"遵循先例（stare decisis）"和"法官推理（reasoning from statutes）"为执法中心[109]。遵循先例是指法院要对那些被控的违法行为作出裁判，裁判过程中需要进行法律解释，主要依据是其他同级或者上级法院过去已经对某一法律作出的解释。法院中的法官即是依据这些先例来进行案件推理与裁决[110]。二是普通法、成文法与宪法构成了美国法系的主体结构，在原有普通法的基础上，美国法系加入了众多成文法律，采用宪法制与联邦制，具有宪法与州法并存的法律结构，法院裁决时需确定是否符合"司法审查权"。三是主要法律权力下放，原则上，联邦法具有最高地位，任何州的立法不得与联邦法相抵触，但实际上，由于历史原因，美国在独立时并不是作为一个整体国家建立起来的，而是由 13 个英联邦独立出来通过联盟而建立的，各个州都设有各自的法律体系与法院，因此除联邦宪法外，各州也有宪法，而联邦宪法中并没有对州以下政府进行约束与解释的具体内容。所以，美国州政府掌握着强大、重要的立法权与决策权，各州政府可以赋予州以下的附属政府（市、镇、村、教区、郡）一定的地方管辖权来执行各项决策。

2. 私有财产保护意识的形成与发展

1776 年，美国《独立宣言》中宣称"一切人生而平等"，他们被造物主赋予某些不可转让的权利[111]，这些权利是大自然所赋予的，不可剥夺，包括"生命、自由和追求幸福的权利"。《独立宣言》的作者之一托马斯·杰弗逊（Thomas Jefferson）则认为私有产权是一切地区的自然权利，可以赋予个人以经济自由，没有它人们不可能在国家与政治面前保护自己。在接下来的美国宪法中明文规定出私有产权为每个人的天赋人权之一[112]。1791 年，美国的《权利法案》（Bill of Rights）写入宪法[107]，这时"生命、自由和财产"成为美国宪法的核心，私有财产已经成为除了个人的生命与自由之外最重要的内容，具有"神圣"性。正如 1829 年，美国联邦最高法院法官约瑟夫·斯托里在论及私有财产权时说："我称它们是神圣不可侵犯的，是因为如果它们得不到保护，所有其他的权利都会变得毫无价值，都将化为泡影"[113]。

美国的财产法领域中，费利克斯·科恩（Felix Cohen）教授对美国财产权的定义充分解答了在美国，财产权、私有制、国家三者的属性与相互依存关系："财产权只能由下列的标记所鉴明，对世上其他任何人除非经我的许可，远离我的财产；对这种许可我既可以授予也可以保留。签名：私人。背书：国家。[96]"第一句说明财产权具有排他性和契约自由，第二句表明所有制性质为私有制，第三句说明国家有权对财产权进行适当干预。美国财产法中关于私有财产的内涵包括不动产（real property）和个人财产（personal property），不动产来自对物的诉讼（拉丁文 actio in rem），意为这种诉讼要求收回实体的、特定之物，主要指房地产，如土地、房屋、建筑及种植的庄稼；动产来自对人的诉讼（拉丁文 actio in personam），意为这种诉讼要求特定的人归还原物或赔偿损害[107]，包括除不动产外的私有财产，如金钱、珠宝、车辆、家具等。如劳伦斯·M·弗里德曼在《美国法律》中指出的："只要在法律领域，财产一词就基本意味着不动产，个人财产不那么重要[110]。"土地所有者是自己土地的主人，可以任意支配自己的土地，任何侵占他人土地的企图都是不可容忍的。这种不可剥夺的私有土地的产权（Private Property Right）观念也逐渐成为美国社会道德的核心[114]。

2.4.3 资本优先的土地产权制度

美国市场经济的基础是高度分散化的自由经济体制与私有制，传统意义上被称为资本主义市场经济模式，马科斯·韦伯认为这种经济模式的典型特征是企业家或个人是经济生活中的基本因素，他指出："如果一个社会把经济的过程委托给企业家个人去指导，这个社会就叫资本主义社会，包含两层意义：不动产生产资料，如土地、矿藏、工厂和设备，归私人所有；为私人利益而生产，也就是说，靠私人盈利积极性而生产。"[115]随着美国社会与经济的发展，美国的经济体制已经不能称得上是纯"资本主义"经济，各级政府对社会经济生活有一定程度的干预，缓解了由私有商业利益而引起的各种社会问题，城市建设层面尤其如此，但从总体上说，大部分的社会生产资料归属于个人或企业所有，大部分的国民生产总值也由私人企业产出，联邦政府从没有制定过综合性的中长期经济计划，对国民经济的总体调控是通过总统年度经济报告与年度财产预算的形式贯彻的，私有经济几乎完全操纵着市场运作，约占全部经济活动的3/4，公有经济只占有余下的1/4。据统计，1980年代初，美国私人对外投资约占发达国家总额的50%，国有企业所占的比例很少，几乎不参与城市基础设施的建设。即使是政府部门，近几年的私有化倾向也在发展，一些主要城市，如纽约、洛杉矶、费城、达拉斯、菲尼克斯等，已经开始把原来由政府承担的部分职能承包给私营公司或非营利机构来行使，如路灯维护、垃圾处理、数据分析、监狱管理等，同时，一些联邦机构也尝试私有企业的运行模式，如美国邮政服务主要靠自己的收入来经营，而不是依靠税收[116]。在这样高度发达的市场经济体制下，土地及空间的资源价值最为重要，因而美国的土地产权制度采取的是产权束的形式，可以将归属于不同性质的土地或空间价值分层使用，最大程度地实现空间开发的资本价值。

1. 土地所有制结构

在美国独立以前，美国的土地东部大西洋沿岸属于英国殖民地，西部大部分地区为印第安人领地。在1776年独立之后，美国政府开始有计划地将国有土地出售给私人，土地由公有迅速私有化，几乎不考虑在什么地方多少人居住能为国家带来最大的利益，国有土地的出售按地籍单元（每36平方英里为一个地籍单元，再将一个单元划分为36个1平方英里的小区）进行。若私人买地较少，可将小区再细分为四份，出售其中的1/4[117]（表2-7）。美国的土地结构主要包括国有土地、私有土地及印第安事务局所有土地，其中国有土地是指联邦政府机关及派驻各州、郡、市机构拥有的土地，约占总面积的37%（联邦政府占29%，州及地方政府占8%），私有土地是指归个人及企业所拥有的土地，约占总面积的61%。印第安事务局占剩余的2%。近几年，国有土地还在不断地转让私有土地，如截至2001年，美国国有土地转让给私有公司的土地累计达 5.91 亿英亩，随着私有土地的比例不断增大，使私有土地在美国土地所有制结构中占有绝对优势，构成美国主要的所有制的主体形式。

美国土地资源类型及利用方式（百万英亩）[114]　　　　表 2-7

所有者	耕地	牧草地	林地	特殊用地与其他	总面积
联邦政府	—	152	247	248	647
州与地方政府	3	40	70	83	195
印第安人	2	36	11	6	55
私有	450	352	420	145	1366
总计	455	580	747	481	2263

美国对私有土地的使用主要通过三种方式实现：征税、公正征收、警察权的执行。首先，征税是为了增加城市的公共设施建设，美国的土地税将动产与不动产合并征收，各州的税率均不同，由地方政府根据经济发展状况逐年自行规定，税率一般在 3%～10% 之间。美国政府的税收力量十分强大，目前没有任何人对于加载在不动产上的税收反抗成功，因为根据宪法第十四修正案，税款的征收并没有打破法律的平等保护。其次，基于宪法第五修正案规定："任何人不得因同一犯罪行为而两次遭受生命或身体的危害；不得在任何刑事案件中被迫自证其罪；没有正当的法律程序，不能剥夺任何人的生命、自由和财产；没有合理的赔偿，任何私有产权不得被征作公用。"对土地征用必须"公正利用"，并且必须给予所有权人"合理的补偿"。最后，为了公众的健康、安全及福利，被赋予警察权的区划法可以对私有土地进行征收，而无须赔偿。但现实中区划法的执行是否构成违宪常常是私有土地征用中争论的焦点，主要集中于三类问题：区划法的实施是否真正出于公众目的，保护公众健康、安全、伦理及福利；区划行为是否对所有权人的财产剥夺或限制过多而构成征收；即使区划行为对所有权人的财产构成征收，但如果是基于妨害理论，土地所有权人的财产对公众造成危害，则区划行为是否仍属于警察权的执法范围。

2. 土地"产权束"的来源与构成

美国财产法体系中不强调土地产权的绝对性，仅强调财产权中各种不同的利益。这种土地产权的划分方式仍可追溯到英国的封建制度。封建（feudal）的本意是指国王治下的臣民对国王所分封土地的占有（fief，feudum，feud）。在封建社会时期的英国，土地是按照阶梯式的方式分封下去的，只有国王及贵族才可以拥有土地，国王下面是大贵族，大贵族再分封给小贵族，小贵族再分封给其他臣民，这些最后的土地占有者或者向贵族提供

图 2-26　英国封建社会
的土地分封制度

农业服务，或者提供固定的租金或是实物（图 2-26）。这种分封制度赋予英国土地制度的主要特点是：每一块土地上都拥有两个或两个以上的人对该土地享有不同权益，但国王对土地享有完全所有权[96]。英国政府在殖民时期将这种制度带到美国。当时，英国政府为了吸引更多的欧洲居民到新大陆，对早期移民者进行土地分封，在美国当地建立了一种地产使用权（Freehold Tenure）制度，将土地以所有权的方式分配给个人，分封土地所有权即等于分配了财产与权利，同时只要签订一个立契转让证书就可实现所有权的转变。久而久之，经过多年的发展与演变，形成了如今的美国土地产权制度。

美国的土地财产权可理解为"一把捆在一起的权利"，即产权束（A Bundle of Rights）（图 2-27），产权束中可以同时存在几种不同权利，各种权利相互分离。产权束中的权利界定形式不定，依据所有权人的利益而定，因此到目前为止，尚未有一个可满足不同目的的产权定义[118]。依据保护对象与实现目标可以将产权束进行无数种划分，例如，新泽西大学的彼得·皮佐（Peter Pizor）教授将土地产权划为四个层面，可以分别出租或转让：资源或农业价值（Resource Value）、开发价值（Development Value）、矿业权（Mineral Value）及空间权（Air Right）[119]。耶鲁大学的法学教授韦斯利·霍菲尔德（Wesley Hofeld）将产权分为四大法律关系：权利：一个人要求他人为或不为的法律诉求；特权：一个人不受他人约束的行为或不行为的法律自由；豁免：一个人当因他人的行为或不行为而改变了法律关系时享有的自由；权力：一个人通过行为或不行为来改变一种法律关系的能力。虽然这种划分方式十分抽象，但却清晰地说明了产权束的各种权利之间彼此独立。新制度经济学家张五常认为，一项资产完备的产权应该包括：使用权，在允许的范围内自由使用该资产的权利；收益权：在不损害他人的条件下可以享受从该资产中所获得的各种利益；让渡权，改变资产的形式、内容和地点的权

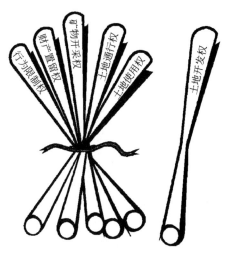

图 2-27　土地产权束示意

利。产权经济学创始人阿门·阿尔奇安（Armen Alchian）则这样描述产权束："在同一时间里，对于同一块土地，A可能拥有在上面种植小麦的权利，B可能具有步行穿越它的权利，C也许被允许在上面倾倒垃圾，D的权利是驾机飞越，而E则拥有是否允许邻里使用工具时发出振动的权利。"

3. "产权束"中容积率调控相关权利

作为一种财产权，美国的土地"产权束"将空间价值看成是若干种可以相互分离的权利，视具体的规划或建设目标使用，当空间用于市场开发时，产权束中的开发权被分离出来，当空间用于资源保护时，产权束中的地役权被分离出来。因而同一开发地块的产权束可能同时出现几个使用者，并同时都受到财产法的保护。土地产权束中的各种权利可分离的特性是容积率调控技术的实施基础，在容积率调控技术实施过程中，产权束中的开发权、空间权、保护地役权都会相应地与产权束分离或是改变。

开发权最初是在英国1947年的《城乡区划法》中创设的，主要含义是指可用于改变空间开发强度或土地使用性质的权利。1961年，纽约市评估委员会对区划地块的产权概念进行了拓展，允许所有权人可以对私有产权进行长期出租（long term lease zoning lot ownership），或是租用同一街区范围内的相邻地块的开发权，用于增加本地块的楼地板面积。虽然这项规定并没有允许所有权人可以回避区划中的形态控制要求，如高度、建筑退后、开放空间比率等，但是却对地块中容积率的使用赋予了相当大的弹性，开发商可以通过权利租赁的方式合法增加地块内的建筑面积。同时，也进一步证明，在美国的开发管理体系中，容积率与开发权都代表了一种可以获得空间利益的潜在权益。

空间权产生于20世纪初，随着城市进入大规模的立体开发时期，空间权从土地权利体系中分离出来，成为独立的不动产权[119]。空间权是指在土地的空中或地下横切一立体空间而设定的权利。美国空间权最早的判例出现在1857年，到1906年，纽约高等法院（Court of Appeuls）在巴特勒诉边境电话公司（Frontier Telephone Co）一案中写道："土地的空间，与土地一样均属不动产，土地的所有者也是上部空间的所有者，并且享有将上部空间作为土地予以独占支配的权利"[119]。在成文法方面，1927年，伊利诺伊州制定的《关于铁路上空空间转让与租赁的法律》是美国第一部成文空间权法。随后，1958年，美国联邦住宅局制定了国家住宅法，规定空间权可成为抵押的标的物，明文规定了空间权的经济价值。1973年，俄克拉荷马州完成立法，制定了著名的《俄克拉荷马州空间法》（Oklahoma Air Space Act），该法是集前面所有关于空间权法案成文法与判例学说的总结，是空间财产法史上的重要杰作[120]。以上这些法案的出台使空间权利体系逐渐清晰。空间已经具有独立的经济属性，与土地权力束中的其他权利一样，可以被所有权人以合法的方式所有、租赁、担保、继承或转让，是具有商品属性的财产。

保护地役权（conservation easement）是指政府为了保护某些生态敏感区、生物栖息地、农地等限制开发地区而设立的一种权益，在土地所有权人与地役权持有者之间签订协议，在协议签订之后，土地所有权人的开发权被限制，所拥有的土地上的资源受到法律保护，但是所有权人仍然可以继续使用土地产权束中的其他权利，而地役权持有者则有权监督土地的使用与开发。在美国，地役权持有者只能由公共机构或者私人非营利组织拥有，而不能被个人所有[121]。

2.5 本 章 小 结

在美国的土地私有制下，任何土地及空间都属于一种特殊的不动产，因而容积率不仅是空间容量的衡量指标，还是表示空间价值的利益指标，具有财产属性。在美国开发控制体系下，容积率具有两种表达式，一种是楼地板面积率，代表单位面积用地上可容纳的最大建筑面积，适用于商业区、办公区和公寓式居住区；另一种是居住密度，代表一定面积用地中可以开发的住宅数量，适用于城市边缘区和乡村地区的单元式住宅开发。在认识容积率内涵的基础上，本章将容积率调控的内涵概括为：政府在对空间开发强度整体控制的基础上，利用容积率的财产属性，对局部空间的开发容量进行的调整行为。容积率调控技术实施过程中所涉及的主要内容可划分为三个层次：容积率调控技术、容积率调控的行动依托和容积率调控的实施环境。

容积率调控技术主要包括四种类型，分别是容积率红利技术、容积率转移技术、容积率转让技术及容积率储存技术。这四种技术根据容积率调整过程所涉及的利益关系多少，可分别适应于不同类型的开发环境中。容积率红利是一种容积率兑换技术，适用于缺少公共空间或因资金缺乏无法建设公共设施的地区；容积率转移是一种局部地段需求转移技术，适用于一定强度下需要灵活处理空间形态的地区；容积率转让是一种容积率交易技术，适用于不同开发需求地区的利益平衡；容积率储存是一种统筹技术，将不同地区的容积率先集中，后分配，适用于宏观空间资源的集中保护与集中开发。

容积率调控技术的行动依托是技术所依附的体系框架与操作平台，包括编制技术的控制框架与管理技术的制度框架（图2-28）。行动依托的主体内容由规划和法律共同构成。但由于规划在美国开发管理制度中不具有法律效力，只作为实施依据，因此区划法构成美国容积率调控技术中行动依托的核心内容。技术与其所依托的平台在实施过程中都离不开具体的实施环境。技术的实施环境也是技术在操作过程中不断更新与发展的动力来源，本章从三个方面概括美国容积率调控技术的实施环境：美国的行政组织形式、美国对私有财产的保护意识及美国的土地管理制度。

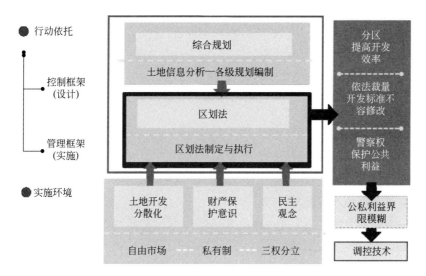

图 2-28　美国容积率管理体系的行动依托与实施环境

第 3 章　美国容积率调控技术的发展历程

3.1　容积率调控技术的产生（1961 年之前）

容积率调控是一种改良技术，是对区划法中僵化控制方式的弹性引导。伴随着容积率调控技术的产生，区划法也从被称为"欧几里得区划"的传统区划时期过渡到融入众多创新策略的综合发展时期。

3.1.1　传统区划法的发展历程

18 世纪中叶以后，英国人瓦特改良蒸汽机，引起了手工劳动向机器生产转变的重大飞跃，19 世纪初，工业革命的浪潮传入北美地区，到 19 世纪末，美国各城市陆续进入了高速城镇化发展时期，并引领了第二次工业革命，美国从农业国家迅速转变为工业强国。进入到 20 世纪之后，工业的快速发展使城市中环境与社会问题加剧，工厂侵入居住区，公共空间日益减少，噪声、气味、灰尘等问题影响着居民的正常生活[122]，大量外来农民涌入城市从事标准化生产劳动，使城市中到处充斥着联排公寓，拥挤不堪，通风、采光不足，结果导致斑疹、伤寒、结核病等流行病在城市中蔓延，严重威胁到城市中居民的健康与卫生安全，普通法中的基本妨害功能已经无法解决，对土地使用控制必须有一个更为全面与综合的立法支持，传统区划即产生于此。

传统区划法的发展历程大致可划分为两个阶段，第一个阶段是传统区划的形成期，第二个阶段是传统区划的立法期（表 3-1）。以纽约为例，20 世纪初，纽约已经发展成为私人资本集聚的商业中心，商业金融建筑的建设需求巨大（由于对金融商业用地的要求极高，限制为三面临水），同时钢结构、电梯及大块玻璃窗技术的出现也为在中心区建设高层建筑提供了必要条件。20 世纪中期下曼哈顿区（Lower Manhattan）兴建了大量摩天大楼（图 3-1）。截至 1929 年，纽约已经兴建了 188 幢摩天大楼。这些摩天大楼虽然使城市中心区的就业密度有效增长，但由于建筑上部没有收进，就像孩子搭建的积木，首尾相连，使得建筑所形成的阴影有几个街区那么长，建筑底部的街道终年不见阳光[124]。如在 1915 年建成的位于派恩（Pine）和下百老汇（Broadway）街交叉口的 42 层的公平大厦（Equitable Building）长年拥有一个面积达 7 英亩的阴影区，阻挡了附近建筑物的采光和通风，造成街道"峡谷"

景象，导致局部街区环境严重恶化。类似的情况愈演愈烈，一套严格的建设管理规范势在必行。1916 年，纽约市提出全美第一个区划管理条例，主要目的是明确不同土地用途的不相容性，以实现相互分离，用以避免工厂入侵城市、摩天大楼无序增长而导致的住户搬离与税收流失。纽约区划条例覆盖整个城市辖区，通过系列规定对土地用途、建筑、后退红线等进行控制；并将城市划分为四大功能区：居住、商业区、无限制区和未确定区，通过将工业区局限在无限区内实现不相容用地的分离，但无限制区内也同时允许居住和商业用途。

传统区划的发展历程　　　　　　　　　　　表 3-1

阶段	时间	关键性事件
传统区划形成期	1885 年	加利福尼亚州政府认为洗衣店污水污染环境,禁止在城市中心地区开设洗衣店
	1893 年	圣路易斯市规定了在若干地区禁止建造马厩
	1901 年	洛杉矶制定出土地使用分区管制规则(land use zoning ordinance)
	1913 年	纽约市建筑高度评审委员会报告建议,应针对市内各区域不同需求,对建筑物高度、占地面积及用途作出规定
	1914～1916 年	纽约州立法部门修改了"纽约章程",并把纽约市划分为许多"区",并规定出相关指标
	1916 年	纽约市批准了"纽约城市区划决议",全美第一个区划条例出现
传统区划立法期	1917 年	纽约州颁布城市区划授权法(New York General City Enabling Act)
	1920 年	纽约市区划法得到纽约州最高法院的认可,正式立法
	1922 年	纽约市发表《标准区划许可法案》
	1924 年	"区划之父"Edward M. Bassett 制定出区划图纸的基本程度,为美国商务部起草了区划条例蓝本
	1925 年	300 多城镇制定区划法管理法案
	1926 年	在案例"欧几里得村对安姆伯勒(Village of Euclid v. Ambler)"中,美国最高法院宣布区划合乎宪法,区划正式成为法律
	1926 年	美国商业部制定《标准州区划授权法案》(A Standard State Zoning Enabling Act,SZEA),成为各城市实施区划的范本
	1928 年	美国商业部发布《标准城市规划授权法》(A Standard City Planning Enabling Act,SCPEA)
	1926 年	增加了地标规定(Landmark Regulation)
	1930 年	全美有 47 个州授权地方政府制定区划条例,981 个城市制定区划法

　　第二阶段是传统区划的立法期，也是传统区划发展的"鼎盛"时期，这

图 3-1　1913 年高楼林立的纽约曼哈顿下城区[123]

一时期有两个标志性事件奠定了区划在美国开发控制体系中的核心地位，一是 1926 年俄亥俄州欧几里得村（Village of Euclid）与安布勒（Ambler）房地产公司的区划案，二是 1928 年美国商务部颁布的《标准州区划授权法案》（A Standard State Zoning Enabling Act，SZEA）。欧几里得村位于伊利湖滨，占地面积 16 平方公里。1911 年，安布勒房地产公司开始收购位于欧几里得村大道和 Nickel Plate 铁路间的一片未发展地块，面积为 68 英亩。1922 年欧几里得村引进了综合性区划，将安布勒房地产公司的地产分为三个区：北端地块被划分为未限制用地；南端地块被划分为专门的单户或双户住宅；中间地块形成 40 英尺宽的缓冲区，被划分为公寓式住宅和社区服务设施及单户和双户住宅。这样划分的目的是为了有效隔离居住区与工业区，但安布勒房地产公司却认为区划剥夺了他们应有的地产价值，将欧几里得政府告上法庭，质疑政府降低地块价值的合理性，并宣称区划违背了美国宪法的第十四修正案，在未有适当补偿的情况下将地产价值剥夺。欧几里得政府毫不妥协，坚持区划是合乎宪法授予地方政府的管理权，来防止对城市和公众可能造成的妨害。1926 年，经过多次辩论，最高法院判决欧几里得村政府胜诉，认为区划构成了警察权的有效实施[125]。欧几里得案例已经成为一个区划合宪性的测试性案例，引起了全美的关注。欧几里得村胜诉之后，美国各个城市相继使用了此法。区划逐渐成为美国城市中开发控制的流行性法则。如果说此次事件奠定了区划的法律地位，那么《标准州区划授权法案》的出台则成为美国各城市制定区划条例的基本范本。1920 年代初，由美国商业部部长 Herbert Hoover 指定的一个顾问委员会，在借鉴纽约区划经验的基础上，制定出《标准州区划授权法案》（A Standard State Zoning Enabling Act，SZEA）。此项法案在 1922 年到 1926 年间修订了数版，最终于 1926 年正式出台，并在此基础上，1928 年出台了《标准城市规划授权法》（A Standard City Planning Enabling Act，SCPEA），与 SZEA 共同成为各地区制定区划条例的基本范本。到 1930 年，商业部报告有 47 个州授权市政府施行区划制度，其中，35 个州采用的是 SZEA 的形式，10 个州采用的是 SCPEA 的模式[122]。

3.1.2 传统区划法的主要问题

传统区划产生的最初目的是为了避除在缺少公共管治的情况下私有开发对城市造成的负面影响，无论是高度分区还是建筑退线都是为了满足居民生活的基本要求，即规定街道采光和通风的最低标准，保证街道和人行道上可以得到充分的阳光，光线和空气也可以进入建筑物内，生活具有一定的私密性等。这些要求在20世纪初满足公众健康与安全时成效较为显著，由于当时土地利用模式尚未完全确定，城市建设需求巨大，通过对建筑性质与高度的强制性规定，既可以抑制房地产开发的过密与过快增长，又能将性质不同的用地相互隔离，快速清除对公众利益产生威胁的开发行为。随着美国的城市建设趋向于平稳化与精细化，进入城市更新阶段以后，空间特色创造与建筑美学开始被人们所关注，与传统区划刚性的控制方式产生冲突，大量负面的评论与影响便接踵而来：

（1）体量控制过于理想化，脱离实际：传统区划法在体量控制方面主张"不能做什么（proscriptive）"，而不是规定"应当做什么（prescriptive）"[91]，强调对局部地块内的体量限制，缺少对整个地区总开发量及长远发展模式的考虑，是在脱离基本实际的情况下出台的。在城市发展初期，部分地块充分开发、大部分地块处于闲置状态时，这种控制方式对整体影响不大。但当城市发展到一定程度时，传统区划内容仍以满足字面上的规定为限，但实际使用效果与设计初衷大相径庭。如按纽约1916年的区划决议规定，城市总体上需要容纳超过550万居民，其中一半以上的城市人口住在未被专门划定为住宅用地地区，而在被专门划定为住宅开发的地区中，一半以上又被规划为大型公寓建筑[126]。这种理想状态时"区划饱和"已经远远超出了城市中人们可以忍受的程度。乔纳森·巴奈特就曾经指出："区划条例中传统的体量控制强调的是建筑物限制，包括后退红线以保持建筑物之间的相互分离，以及容积率覆盖全部的建筑尺寸。但这些控制是消极的，也就是说是无法做到的。"

（2）以单一地块为控制目标，空间零散：体量控制中以单一地块为对象，规定不同体量的建筑周边都需要提供相应的庭院，其初衷是为了创造出更多的活动空间，但却事与愿违，过分独立的地块中的各种庭院之间没有必然联系，使连续街道界面被破坏，形成的活动空间过于零散。简·雅各布斯（Jane Jacobs）也曾批判地指出，传统区划在它应该"软弱"的时候非常"强硬"；而在其应该"强硬"的时候却变得非常"软弱"。这非常明确地表达了传统区划的过于刻板、缺乏灵活性以及过于消极的问题。很显然，传统区划在将城市划分为各个统一的、低密度的、单一用途的分区时，过于"强硬"，缺乏灵活性；而另一方面，在制定街道和建筑设计标准以提高公共场所（广场、街道等）质量时，却过于"软弱和消极"。[127]雷蒙德·胡德（Raymond Hood）在 1927 年曾提出："为了保持建筑容积与街道所占比例不变，因此高度越高，采光通风及交通运输等所需留设的空间越多。建筑物高层化必使建筑覆盖率变低，如果开发商要增加容积，建筑物只好变得更加细长，最后都市充斥着高耸、孤立的建筑群，周围则围绕着失落空间"[128]。1961 年，当 1916 年的纽约区划决议案被取代时，2500 个修正案已经得到认可，要求变更的压力很少指向以市场为导向的房地产活动，而是对准规章、条例本身，它们被认为是不合适、不灵活和引起了不必要的混乱[129]。

（3）城市失去特色，成为体形相似的"蛋糕模子"：由于传统建筑体量控制的标准化与程式化，虽然大规模地提高了城市开发的速度，但也使城市逐渐失去特色，20世纪中下期，美国各大城市中到处充斥着外观相似、风格雷同的现代主义建筑。美国建筑评论杂志将这种建筑戏称为"蛋糕模子（cake mold）"，将建筑屋顶的层层退缩称为"扭曲的金字塔（contorted ziggurat）（图 3-2）"，并声称这种方案设计仅仅是出于规范要求，毫无审美因素考虑。简·雅各布斯在《美国大城市的死与生》中曾从分析纽约格林尼治村变化的角度，提出了区划单调的规章扼杀了城市的多样性。同时，还有很多人将这种现象归咎于地产开发商的唯利是图，却没有想到其实传统体量控制中的格子街道与建筑退线要求使开发者与设计师严格限制了基本的设计自由，使他们在设计时缺少选择的余地。

图 3-2　金字塔退台式建筑[129]

3.1.3　新型区划改良技术出现

面对以上问题，传统区划条例中的许多原则已经经受不住实践的考验，受到美国社会各种团体的共同抵制，也引发了众多规划师与建筑师的广泛讨论，涌现出多样化的创新性思路，希望能改变呆板、无趣的城市建筑与空间。这种创新性思路对城市规划理论的发展起到重要的促进作用，同时也对美国地方政府实施开发控制的管理改革起到适当的引导作用（参见 2.3.2 节第 1 条）。

纽约市作为美国城市规划与设计发展的先锋性城市，最先开始对区划改革的研究与探索。兰克维西（Lankevichd）在《纽约简史》中曾经描述出当时的纽约面貌[130]："纽约在 1950 年代最引人注目之事，乃是再一次改变城市景观的建筑热潮。高层公寓和贫民窟工程几乎在一夜之间兴起，长期开发的主要建筑项目迅速得以完成。建筑史学家可以断定新型的公司风格源自联合国秘书处办公楼的玻璃墙，因为忽然间这一样式为许多办公大楼所采用。"在这种情境下，传统区划法已经到了不得不改的地步，与当时的城市建设步伐越来越不适应。

1947 年，罗伯特·瓦格纳（Robert Wagner）被任命为纽约市城市规划委员会（City Planning Commission）主席，为了尊重公众修改区划的要求，委托 HBA（Harrison，Ballard & Allen）建筑公司来研究适用于 20 世纪下半期的纽约市新区划条例，HBA 公司于 1949 年提出了纽约区划修正的技术报告，报告中提出了控制建筑前后院的入射光线角度的方法，补充传统控制体系下开放空间不足的现象，使开发地块中的建筑室内与周边街区可获得足够的采光与通风，为纽约市进一步的区划改革奠定良好的理论研究基础。1953 年瓦格纳当选为纽约市市长，1956 年他任命一名房地产经纪人——詹姆斯·菲尔特（James Felt）为新任的城市规划委员会主席，詹姆斯·菲尔特一经上任，便雇佣 VWSS（Voorhees，Walker，Smith & Smith）建筑公司来起草新的区划条例，着手推行纽约区划体系的改革（表 3-2）。詹姆斯·菲尔特及所在的城市规划委员会在经过多年与建筑师、律师、房地产经纪人、建设者、社区集团、民众组织的讨论，进行了 850 处建议本文修改之后[76]，最终于 1961 年出台了极具创新理念的纽约市区划条例（图 3-3）。

纽约新区划条例变更历程[131]　　　　　　　　　　　　　　　表 3-2

时　　间	事　　件
1956 年 1 月	詹姆斯·菲尔特担任纽约城市规划委员会主席
1956 年 2 月	詹姆斯·菲尔特提出区划变更目标，为城市规划委员会制定区划修正争取公众支持
1956 年 4~5 月	城市规划委员会举行一轮非正式的关于区划变更的听证会。听证会之后，詹姆斯·菲尔特关于区划变更的观点得到当时纽约市民委员会的支持
1956 年 7 月	詹姆斯·菲尔特宣布新一轮的区划研究开始，由 VWSS（Voorhees，Walker，Smith and Smith）建筑公司承担
1959 年 2 月	VWSS 公司向公众提出题为"纽约区划变更"的议案

时　间	事　件
1959 年 12 月	Vwss 公司向市民公布一项新的区划决议的修正案
1960 年 3 月	新区划决议举行一轮正式的听证会
1960 年 9 月	城市规划委员会举行正式听证会
1960 年 12 月	城市规划委员会采纳了费尔特的新区划条例,并将此条例提交到纽约市估价局
1961 年 12 月	纽约市估价局采纳了新的区划决议,詹姆斯·菲尔特主持的新区划决议正式出台

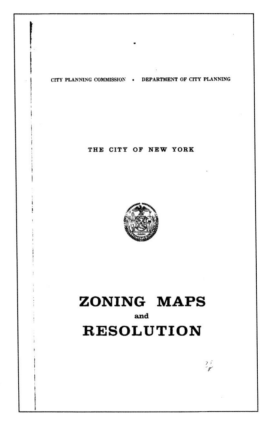

图 3-3　1961 年纽约区划条例[95]

　　新型区划条例的出台,一方面归功于纽约城市规划委员会的创新策略,另一方面也是纽约市的历史保护组织、美学协会等社会团体集思广益的结果。如在区划条例的出台进程中,华盛顿广场联合会(Washington Square Association)、格林尼治村联合会(Greenwich Village Association)、格林尼治村社区规划委员会（Greenwich Village Community Planning Board）共同讨论了区划中关于保护历程与考虑美学因素的主要议题；市政艺术社团（Municipal Art Society）、美国建筑师协会纽约分会（New York Chapter of the American Institute of Architects）、美国规划师协会（American Institute of Planners）也向城市规划委员会提出强烈要求，要求新区划中考虑美学规则。布鲁克林高度协会（Brooklyn Heights Association）联合社区保护与促进委员会（Community Conservation and Improvement Council，CCIC）列出一份关于如何在区划条例中增加美学原则的草案。

纽约新型区划条例的出台，最重要的一项创新便是促使容积率调控技术的产生与发展。面对城市中心区的衰落、城市蔓延的发展，当时的人们渴望改变，更希望能够创造出多样化的活动空间、重塑历史街区中的场所风貌。为了推进"城市更新"运动所倡导的清除"不符合标准的（substandard）、不卫生的（unsanitary）"地区的口号[132]，颠覆以往的开发控制，新区划法中大胆融入了众多与空间设计相关的创新元素，在土地开发强度与建筑体量控制方面，使用容积率代替了原有的高度限制，所有的区划控制图都更新为以容积率和密度为主要控制指标，同时还增加了在控制基础之上的容积率调控技术，大大增加了城市空间开发过程中的设计弹性，因此 1961 年的纽约区划也被认为是一种美学区划（aesthetic zoning）。

3.2　容积率调控技术探索阶段（1961～1970 年）

二战以后，美国城市社会进入了平稳的经济建设时期，城镇化的速度进一步加快，人口迅速增长，并由此带来了一系列对城市基础设施与社会服务的大量需求，城市规划中面临大量需要建设或需要改造的项目，大规模的城市更新与重建运动开始。"福特主义"曾是描述 1930～1960 年代美国经济与社会总体形态的基本术语，是指以标准化、大批量、高效率为特征的工业化生产线，也可以代表这一时期的城市发展特色，虽然高效却缺少必要的活动空间，无法弥补公共空间所应具有的社会性与文化性，因而这一时期容积率调控技术应用的主要目的在于"尽最大程度地增加开放空间"。

3.2.1　城市更新中的激进式改革

19 世纪初，工业革命的浪潮传入北美地区，到 19 世纪末，美国各城市陆续进入了高速城镇化发展时期，并引领了第二次工业革命，美国从原有的自然资源开发型的农业国家迅速转变为企业竞争型的工业化国家。1900 年，电力和内燃机的出现使美国迅速跨入电气时代，基本交通工具全面升级。到 1930 年，每 5 个人就拥有一辆汽车，美国开始成为"车轮上的城市"[133]。与此同时，铁路网的兴建与工业的发展使城市的地域范围不断扩大，城市中心区开始逐渐形成商业中心区。到 20 世纪初，经济活动的集约化与企业的资本化，加上电梯与钢结构技术的发展使美国迈入立体化的开发阶段，城市中心区形成高度集约化的城市格局。然而，进入 1930 年代之后，美国遭受了空前的经济大萧条，对美国社会经济生活的影响远远超过 20 世纪的其他任何事件，也使美国政府从一直奉行的自由放任政策转变为国家垄断资本主义政策，政府开始介入社会经济生活，使用政府权力对国家资源进行调配，走福利国家的道路。二战后，虽然"罗斯福新政"中所倡导的公共设施福利化使城市在短期内发生了极大改观，但也引起了新的问题，如 1937 年根据住宅法案建设的大量公共住房都建在黑人区，形成大量"贫民窟"；同时，大规模的公路建设使居住区选址多样，也加速了城市中心区的衰败……为解决这些问题，美国政府开始全面的城市更新运动（Urban Renewal）。1949 年，美国政府当局重新修订并颁布了新的住宅法案（Wagner-Taft-Ellender Housing Act），开始声势浩大的贫民窟清除活动[134]。

1954 年，联邦政府出台住宅法案之一的《701 条款》，开始全面的城市更新运动，将原有的住宅建设扩展到大面积贫民区拆除、大型公共建筑或商业办公楼建设中，住宅法案中允许建设经费的 10% 用于非住房类建设，到 1959 年，这一比例又提高到 20%，这一期间，城市的物质环境建设被认为是复苏城市中心衰败地区最好的方法。正如联邦最高法院在哥伦比亚特区开发案（Berman v. Parker）中陈述的那样："在整个地区进行重新设计是非常重要的，可以有效地消除产生贫民区的种种状况，如过度拥挤的住房、不充足的停车场、狭窄的街道和小巷、娱乐设施的缺乏、通风与采光不足、过时的街道布置。整个区域需要重新设计，通过整体计划来达到区域内开发的平衡，不仅仅是包括住宅、学校、教堂、公园、街道及购物中心。只有通过这种方式才能控制衰败与彻底消除贫民区[135]。美国政府实施城市更新的初衷是为了复兴中心区，改善居民的住房条件，但有限的公共资金（住房法案中提出联邦政府承担更新纯工程费用的 2/3，地方政府承担另外的 1/3[136]）无法有力地调控土地市场。在大规模的清理拆迁中，对动迁居民（主要是黑人）的重新安置问题并没有予以合理解决，大量工程"只见拆迁、不见建设"（表 3-3），或是拆迁之后土地租金翻倍，使居民无力回迁，只能重新聚集成新的贫民窟，形成恶性循环。如当时的纽约市市长罗伯特·瓦格纳（Robert Wagner）（1954～1965 年），是最早宣布"在住房问题上实行种族隔离为违法"的市长之一。他曾经许诺那些因为贫民窟拆迁而搬离的低收入居民有"迁回来的权利"，而高居不下的房租使得这一允诺实现的希望几乎等于零[134]。

68

		1950～1962 年城市更新工程数量及进展情况[137]		表 3-3
年份	工程总数	计划中的工程	实施中的工程	竣工工程
1950 年	124	116	8	0
1951 年	201	192	9	0
1952 年	259	232	27	0
1953 年	260	199	61	0
1954 年	278	191	87	0
1955 年	340	230	110	0
1956 年	432	199	132	1
1957 年	494	301	189	4
1958 年	645	354	281	10
1959 年	689	298	365	26
1960 年	838	353	444	41
1961 年	1012	429	518	65
1962 年	1210	536	588	86

有鉴于此，联邦政府试图调整相关政策，开始寻找新的资金来源，扭转政府全责承担城市建设的局面。1954 年，出台了新的住房法，该法的主旨为：加大联邦和地方政府在城市更新建设中的资金投入力度，增加内城商业开发等非住宅建设的比例，吸引和鼓励社会力量的参与，同时将重建和维护、保护并举以扩大城市更新规模。新住房法推出之后，美国的城市更新运动的重心开始转移，非住宅建设的比例加大，建设重点从贫民窟改造转移到商业中心区复兴上，极大地刺激了私有资本对更新运动的积极参与。由于私有资本投入更新具有一定的风险性，因此在投资前往往会十分谨慎地考察更新地区的市场价值、资金回报率等因素，也间接地提高了城市更新项目的完成质量。但是，按照市场的运行逻辑，对土地的使用与开发永远追求的是能够获得最高经济效益的土地配置结果，因而"不会有人自动去建不赚钱的公园，或保留不赚钱的耕地，或把污染的工业搬到老远，爱国的资本家也许有，但爱国的投资是不符合市场经济逻辑的投资[138]。"因此，私有资本在城市更新建设中占有主动权之后必然出现空间资本密度不断加大的现象，使原有城市资本密度高地区的容积率被提得更高，造成更新项目中公共空间的缺失。在这样的背景下，这一阶段使用容积率调控技术的主要目的在于创造出更多的公共活动空间，提高城市更新项目的空间设计标准（图 3-4）。具体表现为：在城市内部，使用容积率红利技术兑换出更多的公共空间及公共设施，

图 3-4　容积率调控技术与
发展探索期

代表性案例有：芝加哥的开放空间奖励、纽约市及旧金山市的公共设施奖励；在城市外部，使用容积率转移技术整合农地及其他资源用地当中的开放空间，代表性案例有：在普林斯乔治（Prince George）郡、纽约斯塔恩（Staten）岛、纽霍普（New Hope）镇等地区实施的联合开发项目。

3.2.2 奖励容积率增加开放空间

经历过 20 世纪初的快速工业化之后，美国各大城市早已高楼林立，在密集环境下使用空间与创造空间成为一件高度复杂的问题，可能会涉及征收、侵权、遮挡等法律问题。在这种情况下，利用容积率的经济属性来换取公共活动空间实属一件妥协之举。最早在 1950 年代末期出现于芝加哥，后来被应用到纽约区划改良条例中，成为通则式的容积率红利规则，只要开发商可以在指定地区增加广场或拱廊，便可获得面积奖励。此调控性规则在纽约区划条例中推出之后，便很快风靡全美，其他城市在借鉴过程中进行部分修改，发展出多种形式的容积率奖励规划，这一时期的奖励内容主要包括开放空间奖励、公共设施奖励、特定地区奖励等几种形式。

1. 开放空间奖励

1950 年代末，芝加哥是最开始在区划条例中使用"容积率"作为开发强度控制指标的城市，同时也是第一个使用容积率红利技术的城市。芝加哥政府发现，利用容积率指标，可以彻底改变城市中心区的建筑形态，在不超过最大容积率限制的基础上（最大容积率限制为 16），建筑形态既可"高瘦"，又可"短粗"，可以创造出富于变化的城市中心区天际线。同时，在区划法中增加使用容积率红利要求，可以在开发强度需求高的地区建设开放空间，到 1960 年代末期，很多芝加哥中心区的建筑都同时既拥有高大的体量，又拥有周边的活动广场，如市政中心（Civic Center）高 648 英尺，第一国民银行（First National Bank）高 850 英尺，汉考克中心（Hancock Center）高 1127 英尺，同时容积率红利技术的应用也使得这些建筑周边出现很多新型广场[139]。除使用容积率红利可以建设广场之外，还可以提供道路红线退后、毗邻公共空间周边的二层商服建筑退后等。

1961 年，纽约市在新出台的区划修订条例中，融入了容积率红利技术，规定开发商如果能在高密度的商业区或居住区内增加一定比例的开放空间，如前院或侧院加宽（Deep Front and Wide Side Yard）、建设广场（Plaza）、建设与开敞区域联系的广场（Plaza-connected Open Area）、建设拱廊（Arcades）、地块划分的特别规定（Special Provisions），即可得到额外的楼地板面积奖励，奖励的容积率额度为 2∶1[95]。由于奖励的内容与额度在纽约新区划条例中仍以标准化的形式出现，并没有针对特定地区，也无论申请地点的性质与用途如何，只要符合相关要求都可以获得楼地板面积奖励，因此广受开发商的欢迎，在前实施的最初几年曾被推崇为是开发管理中的最佳技术。纽约在1961～1973年间，通过容积率奖励创造出大约110万平方英尺的开放空间[140]。其他城市也都纷纷仿效，以奖励楼地板面积的方式换取公共空间的建设。

但几年以后，由于开发商在建设中仅是在"僵硬"地完成条例要求，并未真正考虑到公众需求，导致商业区与居住区中的广场泛滥，其中大部分使用率极低，且分布零散，破坏了购物街的街面延续性，还有些严重地阻断了人行通道。在曼哈顿密度最高的街区，开发商在临近人行街道一侧提供了1个单位的开放空间，其便可以在高度上额外增加10个单元的建筑面积。曼哈顿几乎每一个大型新建筑都充分利用了这一优惠政策。截至1970年，仅曼哈顿市中心内就有大约11英亩（4.45km²）的公共步行广场位于私人用地，且有超过2英亩的装饰空间完全由绿化和喷泉构成[141]。同时，单一奖励形式也难以满足城市环境中人们的交往与休息空间需求，比如在北方寒冷的气候中，冬天时广场的利用率会大大降低。再者，以单一开发地块为基本的奖励单位，很容易造成奖励过度的情景，如纽约市在奖励区划实施10年后，政府发现95栋新建的商业大楼中的70%皆因提供广场而得到奖励，西雅图市（Seattle）在1960年代中期，按容积奖励制度建设的一座76层的塔楼，由于建筑过高而周身安置黑色的玻璃，被公众戏称为黑武士（Darth Vader）大楼[142]。针对以上这些情况，美国各地方政府对由楼地板面积奖励换取开放空间的制度奖励区划制度开始着手进行了系列改革。

2. 公共设施奖励

1966年，旧金山市（San Francisco）开始着手研究城市中心区的建设需求，1968年，推出了《城市中心区区划条例》（San Francisco Downtown Zoning Ordinance），在中心区创设了具有四种不同基准容积率的土地使用区：其中办公区（C-3-O）的基准容积率为14∶1，零售区（C-3-R）为10∶1，普通商业区（C-3-G）为10∶1，支持区（C-3-S）为7∶1（图3-5）。虽然四个区域中都可以全部建设商业建筑，但只有办公区规定的容积率红利规则。与纽约市的广场奖励不同的是，旧金山市将奖励内容扩大到与空间设计及特色营造相关的10个方面：①直接地铁站的快速通路（direct tunnel access）、②临近市场街的公交站（proximity to Market Street transit）、③停车场（direct access to parking structure）、④多个建筑入口（multiple building entrances）、⑤人行路加宽（sidewalk widening）、⑥街区之间的人行通道（a walkway in the middle of the block）、⑦公共广场（a public plaza）、⑧建筑退后（building side setbacks）、⑨建筑塔楼顶部装饰（smaller upper floors）、⑩建筑屋顶平台（observation decks）[144]。开发商可以完全本着自愿的原则来

选择想要建设的公共设施，并获得不同程度的容积率奖励，其奖励额度从 14
：1（原有容积率控制上限）到 25：1（容积率奖励上限）[145]。

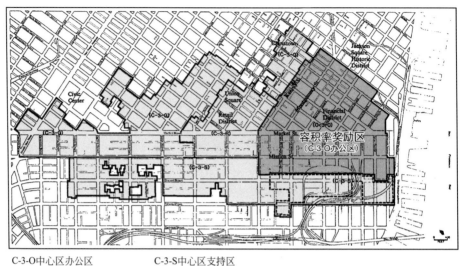

C-3-O中心区办公区   C-3-S中心区支持区
C-3-R中心区零售区   - - - 建议特殊开发区
C-3-G中心区普通商业区

图 3-5   1968 年旧金山中心区 C-3 土地使用分区[143]

与纽约的广场奖励规则相比，1960 年代旧金山市设定的奖励规则在以下
三个方面有十分显著的进步：一是奖励范围调整，纽约市的奖励规则定位于
高密度的开发地区（居住区是 R9 或 R10，商业区为 C1～C7），几乎是一种普
及性的全市奖励规则，而旧金山市只针对城市中心区中的办公区进行设定，
有利于创造城市中多样的密度环境。二是奖励内容的扩大。将广场或拱廊的
奖励扩大到与公共建设相关的十项要求，由开发商来自由选择，既设定了政
府的公共建设目标，又为开发商提供了选择建设的权利，旧金山市城市规划
局的彼得·斯维斯基（Peter Svirsky）曾说过，在容积率红利规则中，"只有
两种类型的红利容积率，一种红利容积率可以使每个开发地块都获得高密
度……而另一种虽然奖励的内容相互无关系，却是每个人都想得到的。"三是
奖励额度的设定。纽约的广场奖励额度是在原有基准容积率基础上扩大，最
大可至原有的 20%，而旧金山市则在实施容积率奖励地区将原有基准容积率
从 16：1 降到 14：1，进一步扩大了开发商选择公共建设的可能，并考虑了开
发强度对环境承载力的影响。

3. 剧院奖励制度

进入 1960 年代晚期，纽约市经历了一场办公楼的投机开发与快速发展，
城市中很多区域迫于发展压力，几乎将整个城区拆除重建。在城市中心区，

当时的纽约时代广场是集犯罪、吸毒、卖淫等众多社会问题于一体的区域。1966 年，纽约新任市长约翰·林赛（John Lindsay）上任，启动了一个区划更新计划来复兴曼哈顿东部贫民区（East Side of Manhattan）。约翰·林赛计划倡导的是复兴城市的建筑文脉，而非超大规模的建筑拆除与住宅项目。在此倡议下，约翰·林赛政府所实施的城市重建计划注重融入"好的城市设计"观念，因为他们确信，"平庸的设计将能够毁掉一个成功的再开发工程[76]。"因而在开发项目中使用了众多的弹性引导方法，剧院奖励就是其中的一种。在此之前，对城市大规模的公共设施建设都是由政府出资兴建，但约翰·林赛市长在第一任期内对联邦资金的限制就已经非常明确，剧院奖励当时被看作是一种城市设计师与政府当局创造性的努力，通过借助于私有资金来补充政府对文化开发与资源保护的投资。如林赛当局的首席规划师理查德·温斯坦（Richard Weinstein）描述的那样："我们几乎是在偶然情况下发现，来自于各种不动产业的百万美元可用于投资艺术活动，特别是如果对一些房地产商进行一定的约束，如区划功能限制或是税额限定，就能够在一些非营利设施中创造出额外的资金流通[72]。"理查德·温斯坦将这种奖励方式称为对"杠杆高点的操控（manipulation of high leverage points）"。

最初奖励剧院的构想出自 1966 年，当艾斯特（Astor）酒店被一座办公大楼替换时，规划师们曾建议可以通过增加一个合法剧院的方式换取一定的容积率奖励（图 3-6）。城市规划委员会的首席律师诺曼·马库斯（Norman Marcus）将奖励范围扩大至一整个街区，形成特殊剧院区（Theater Subdistrict，覆盖范围为第 40 街至第 57 街，第六大道至第八大道之间），在此范围内，开发商可以在自己建设的项目中通过增建新剧院来获得高于原有规定20％的容积率奖励。规划委员会对剧院的设置要求十分详细，从剧院区听众

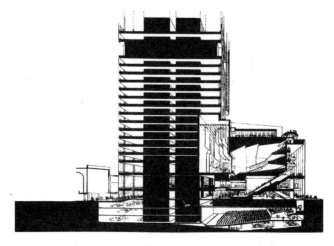

图 3-6　一个可包含新剧院的新办公楼[76]

73

席上座椅的宽度，到放置表演者头饰货架的位置及宽度[145]。1967年，剧院区立法，为政府与开发商提供了谈判的法律框架。在短短一年半的时间里，剧院区中就已经有几个新剧院相继建立，明斯科夫剧院（Minskoff theatre）、万豪酒店（Marriott-Marquis）里的马奎斯剧院（Marquis theatre）、格什温剧院（Gershwin theatre）、乌里斯（Uris）建筑广场上的环形剧院（Circle theatre）。同时，也促成了剧院区临近的林肯广场区（Lincoln Square Special Zoning District）与第五大道区（the Fifth Avenue Special Zoning District）的建立。

林肯广场区鼓励建筑者提供艺术表演场地，在特别区成立之前设立了一般性与可选择性的城市设计标准，如果开发商可以提供相应设施，最高可获得由城市规划委员会提供的高于原有规定44%的楼地板面积奖励。第五大道特别区以保护受到办公楼和居民楼建设威胁的百货公司和零售商店为目的，覆盖了包括沿着第五大道从38街到57街两侧临街面各200英尺内的保护范围。基本规则包括街道两侧85英尺以下的建筑正面必须保持在一条线上，街道东侧的建筑物应保持街道的连续性；街道两侧建筑高于85英尺部分需红线退缩50英尺；鼓励开发者兴建有顶的拱廊等，可以获得超过20%的楼地板面积奖励[146]。特别分区的设置初衷是为了保存城市中的特色风貌，而不是在城市中设计出一种新的建设形式，因而在特别分区中提供高于原有规定20%的奖励只是一种促进手段，由开发商自行选择。虽然在开发需求大的曼哈顿地区，这种方式看似一种创造城市特色的理想手段，但如果处于城市郊区或是开发市场不景气时，特别分区中的奖励规定则不一定会起到作用。同时，剧院建成之后的运作与维护、20%的奖励额度会不会对原有地区的环境容量带来影响，这些问题都是在后来的发展中需要面对的。

3.2.3 转移容积率整合零散空间

1950年代末1960年代初，全美城市的地方政府都在致力于实施城市更新与复兴计划，主要原因有三：首先，与城市中心区密集的建筑、紧张的用地所不同的是，城市郊区拥有开阔的用地、优良的生活环境，因而使越来越多的人选择到郊区生活，居住在郊区成为当时所有美国人所向往的"美国之梦（American Dreams）"。同时，相对较低的土地价格也吸引了很多商业购物中心。据统计，大型购物中心移到郊区在二战末期只有8个，到1960年，已经扩大到3840个，商业转移的同时带来的是就业机会从城市中心区中外迁出来。郊区的日益兴盛进一步助长了城市蔓延的趋势。其次，城市中心区的发展动力被逐渐削弱，城市中到处充斥着不稳定、不安全因素，环境质量下降，犯罪率不断上升。再次，战后退伍军人返乡，带来了1947～1950年的出生热，美国人口出生率从大萧条时的18%猛增到25%，并一直保持到1958年，战后婴儿在 1960 年代步入成年，大量人口面临着就业与居住需求。因而，在这一时期内，容积率调控技术被应用于城市郊区的住宅开发计划和城市中心区的复兴计划当中，不仅提高了郊区住宅开发的生活品质，还恢复了城市中心区的文化品质。

1. 地块内转移的集束分区

罗斯福新政期间，为了推行公共住宅改革，美国联邦住宅管理局（Federal Housing Administration，FHA）兴建了大批的郊区住宅。由于时间与经济原因，当时的住宅建设按照工厂式的生产模式建设，每个住宅被建造在已经分割成很小的地块上，住宅的形态、尺寸几乎相同。虽然解决了当时居民的居住问题，但因缺少必要的公众活动空间与设计识别性，也遭受到公众指责。二战后，随着美国经济的发展，为了改善居住环境，同时又不影响正常的住宅开发，美国政府采用了集束分区（Cluster Zoning）制度。

集束分区，又可称为集束住宅（Cluster Housing）建设，是指当开发地块内有农田或生态保护用地时，开发商被允许在比原有开发地块小的地块上集中所有容积率进行密集开发，节省出足够的开放空间资源。集束分区也可以看作是一种在地块内的容积率转移技术，在保证地块开发总量不变的前提下，通过局部地段的容积率调整，实现土地的集中开发与资源集中保护。一般情况下，区划条例中规定出最小地块面积是半英亩，但集束分区的条款中要求在维护开发密度不变的情况下，建房地块的最小面积可以缩减到 1/4 英亩，剩余出的空间可由所辖社区进行管理。集束分区可以应用于任何空间尺度，可以是几英亩中的几栋住宅之间，也可以是大到整个计划单元区[147]。

集束分区技术鼓励用于社区开发项目之中，通过合理地设计出与街道紧密相连的居住单元、更多的居民集会空间以及更加集中的社区服务设施，可以有效节省用于道路、水管等一些居住基础设施的开发成本[27]。但是，由于集束分区一般设置在新开发的郊区或乡村地区，远离学校、商业中心等基本服务设施。居民每天需要耗费较长的交通时间，如果几个集束分区被同时采用，通往中心区的交通很可能因此而被堵塞，增加政府的交通负担。

2. 单元内转移的联合开发

集束分区制度进一步促成了计划单元联合开发（Planned Unit Development，PUD）概念的产生，PUD 将容积率转移的范围扩大到开发单元层面。开发单元为可以容纳一定数量住宅的组团或社区。PUD 概念虽然产生于 1960 年代初，但其主要思想在一定程度上借鉴了雷德伯恩（Radburn）规划理论（1927 年）与佩里的邻里单元理论，可以说，PUD 是将以上两种理论融入美国开发控制体系的结果。这一点在匹兹堡（Pittsburgh）市 1927 年末出台的土地细分修正条例中得到部分证明，条例认为住宅建设应该形成组合，此组

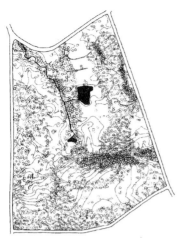

图 3-7　联合开发[146]

合能够：①形成一个相互兼容与和谐的社区或是社区组合；②能够符合城市总体规划的要求；③能够适用于现有的和社区将要拟建的公共设施；④具有统一的设计，可以保障公众的健康、福利与安全；⑤能够合理负担周边地区的土地使用[148]。以上这些基本的要求，住宅组合、共用设施、保护公众健康等也正是 PUD 实施的主要理念。

PUD 是指在包含两个或两个以上的开发单元范围内，只要开发商对整块开发用地上的总体控制指标能够满足要求并得到规划相关部门批准，就可以在 PUD 区内混合几种不同的土地用途，而不受传统上街道与土地边界线保护一定距离的限制，只有主要街道需要保持原有形态，所有次要道路都可以重新规划。在 PUD 区域内允许多种用途，包括公寓、单户型住宅、旅馆、市政大楼、学校、餐馆及一些指定的娱乐设施[121]，只要整体容积率保持不变，容积率可以在几个开发单元内按开发需求任意转移。相对于集束分区，PUD 在实施方面有以下优势：①可以在联合开发单元内对土地进行整体开发与整体建设，有利于节约成本；②有利于保护整体环境，创造更多的活动空间，纽约市史坦顿岛（Staten Island）经过 PUD 计划之后，可以使 35％的土地保持原貌（图 3-7）；③能够为开发商及设计人员提供更大的设计弹性，有利于创造多样的空间形态；④几个开发单元可以共享相互之间的公共服务设施，既节约交通成本，又有利于交往空间的形成。

马里兰（Maryland）州的乔治王子（Prince George）县是美国最早应用 PUD的地区，其区划要求可进行 PUD 的最小地块需要至少包括 500 户居民，最大建设密度为 8 户/英亩。乔治王子郡将两个社区进行联合开发，这两个社区可以共用开放空间、学校、商业中心及其他公共设施[149]。1968 年，宾夕法尼亚（Pennsylvania）州的约霍普镇（New Hope）在未经授权的情况下创建的 PUD 分区，却意外得到了宾州法院的支持，法院规定了约霍普镇在实施 PUD 时，需要满足："PUD 区最多可以将 80％的土地用于住宅，最多 20％用于商业和娱乐，但至少要保留 20％的空地，同时住宅区密度不得超过 10 单元/英亩，而且每个单元不得包括两个以上的卧室，所有建筑物高度不得超过区划限制[121]。"随后，PUD 的应用范围不断扩大，密苏里（Missouri）州的圣路易斯（St.Louis）县、宾夕法尼亚州的匹兹堡（Pittsburgh）市、加利福尼亚（California）州的弗里蒙特（Fremont）市都出台了相关的 PUD 应用法案。纽约市于 1967 年出台了第一部 PUD 法案，1973 年由美国规划官员协会（American Society of Planning Officials，ASPO）制定出适用于全国的 PUD 实施条例（Planned Unit Development Ordinances）。

PUD 在实践过程中，也存在若干问题，其中最严重的一个问题是政府很难掌控 PUD 地块内的开发结果，虽然 PUD 在实施前后都需要政府相关部门进行审批与评估，但由于其中的自由裁量权较大，政府在决策过程中又带有一定程度的主观性，因此很可能会出现权力寻租等行为，同时，联合开发地块内的公共活动空间与公共设施设计也属于开发商的个人行为，很可能会由于获利目的而使质量缩水，因而也常常招致公共的质疑。

3.3 容积率调控技术发展阶段（1971～1980 年）

从 1950 年代晚期开始，一股美学意识潮流席卷了发达国家，美国社会对城市建设中趋同的开发模式与僵化的空间形态批判的呼声越来越高，导致联邦、州及地方政府修改立法，如 1956 年，纽约市的立法机关首先在普通城市法修正案中提出建设开发过程中需要考虑美学与风格的要求，1965 年，约翰逊总统在白宫召开了自然美的研讨会，会议的主题是消除"不美"，随后截至 1968 年，有 34 个州召开了相关会议[75]。空间的美学价值受到关注，在空间建设中表现为对城市历史风貌的再现、特色空间的营造等。

3.3.1 从福特主义转向后福特主义

1960 年代，美国处于一个高速发展的阶段，由工业化进程带来生产技术水平的迅速提高，社会呈现出繁荣的景象，正因如此，1964 年，约翰逊总统抛出"大社会"计划时，联邦政府在城市建设中大包大揽，从固体废弃物销毁、水和空气的净化，到消费者保护、街道犯罪、学前教育甚至是老鼠数量的控制都被宣称是全国性问题[150]。但是，进入1970年代以后，由于财政赤字、政治的保守化、能源危机等各种社会问题的出现，使很多学者出版的书籍都以警示性标语作为题目，例如《美国的城市危机》（The Urban Crisis in American)、《城市之病》（Sick Cities)、《与时间赛跑的城市》（Cities in a Race with Time）等[151]。这一时期，联邦政府在城市建设中的主导地位开始动摇，建设主权逐渐下放到地方政府，联邦政府通过补助金的形式资助地方政府的公共建设。虽然1974年联邦政府通过《住宅与社区发展法》（Housing and Community Development Act)，决定将清除修缮、经济发展、公共服务改善和其他更新责任由联邦政府转移到每个受资助的地方政府。该法案建立了面向每个地方的固定拨款，以社区发展整体补助基金（Community Development Block Grant)、城市开发行动补助金（Urban Development Action Grant，UDAG）的方式，为地方政府提供更新与公共建设资金，使地方政府利用此款进行更新工作及公共设施建设。但受到1970年代中期以后经济危机的影响，联邦政府的补助金大幅度削减，使得地方政府难以掌控公共建设资金的来源，加上城市蔓延的趋势一直在持续，对郊区的公共建设需求大大增加，也进一步增加了地方政府的财政压力。在这种情况下，美国的城市建设模式开始转向，借助于私人力量完成，很多私人开发团体被拉入到城市建设队伍中，而且，联邦政府还以效率的名义，要求地方政府将一些公共服务项目发包给私人部门，缩减政府部门的作用，有学者称之为从"福特主义"走向"后福特主义"。同时，在城市建设中，大规模的城市更新项目锐减，这时"城市更新"已经成为一个贬义词，人们认识到，城内拆旧建新需要巨额投资，中产阶级迁到郊区，兴建新的公共设施，又需要巨额投资，又反过来造成中心区的衰败。因而，城市建设的重点已经从原有大规模的剧烈的"推倒与铲平"方式转向小规模的、分阶段的、有秩序的、渐进式的更新阶段，从物质形体的更新转向社会、经济、文化的重塑。这一时期的建设目标正如刘易斯·芒福德在1967年向国会提交过的一份报告中指出的那样："要在已经相当拥挤的市中心进一步增加人口，正确的途径并不是通过增加密集的高层建筑，也不是通过增加大量的郊区面积（使住宅工作地点的距离越来越远，浪费的时间也越来越多)，而是通过建设经过精心规划的新型社会来实现。"[152]

　　1977年出台的《马丘比丘宪章》中的相关条款可以清楚地概括出这一时期美国的城市规划的建设目标，即保护历史文化："城市的个性和特性取决于城市的体形结构和社会特征。因此，不仅要保存和维护好城市的历史遗址和古迹，而且还要继承一般的文化传统。一切有价值证明社会和民族特性的文物必须保护起来"；保护自然环境："控制城市发展的当局必须采取紧急措施，

78

防止环境继续恶化，并按照整体的公共卫生与福利标准恢复环境固有的完整性。"作为城市规划的开发管理技术，容积率调控技术的应用也主要致力于历史文化保护与自然资源保护两个方面，受到美国私有制的影响，这一时期的容积率调控技术已经开始作为一种特殊的不动产，对保护地区的私有业主实施调控性的利益转移，地方政府为了吸引更多的私有业主加入，制定了许多创新性的容积率调控规则，将容积率红利、容积率转移、容积率转让三种技术的应用进行融合（图 3-8）。但在整个

图 3-8　容积率调控技术与
发展融合期

1970 年代，由于缺乏足够的开发需求与足够的开发资金，除纽约、旧金山等大城市存在个别实施案例之外，其他城市鲜有实施计划。

3.3.2　转让容积率保存城市特色

进入 1970 年代，城市更新与大规模的商业开发进入尾声，但是城市中心区的衰败与贫困仍在持续，由全面拆迁造成的城市影响已经酿成，城市中大量有价值的历史建筑被现代主义"方盒子"的摩天大楼取而代之，激起历史保护主义者的强烈抗议，越来越多的市民对这种拆毁行为感到不满，纷纷加入到保护运动的队伍中，一场轰轰烈烈的历史建筑保护运动拉开帷幕，矛盾激化的导火索是纽约市宾夕法尼亚火车站（Pennsylvania Station）的整体拆除事件。

宾夕法尼亚火车站兴建于 1910 年，由麦金米德—怀特（McKim Mead & White）建筑事务所设计，具有罗马复兴风格，中央大厅覆盖着由铸铁框架支撑的琉璃顶棚（图 3-9），车站占地近 8 英亩，被喻为当时纽约市的象征，"代表了铁路的力量和地位"。1961 年，宾夕法尼亚铁路公司宣布无力负担车站运营，需要将车站整体拆除，代之以高回报率的写字楼和运动场。当此重建计划一经传出，激起了各种社会团体的抗议，甚至"纽约改善建筑行动组（Action Group for Better Architecture in New York）"的规划与建筑专家们都参与了民众的反对游行活动，报纸社论也不断写文章进行谴责，但铁路公司仍一意孤行，1965 年，宾夕法尼亚火车站被彻底拆除。

保护宾夕法尼亚火车站的努力虽然以失败告终，但引起了业内人士对城市建设的深刻反思，也有效地促成了一系列历史建筑保护法案的出台，1965年，美国政府与民间历史保护团体共同出版了报告——《如此华美的历史遗产》（With Heritage so Rich），成为国家历史保护法的蓝本，同年，纽约市议

图 3-9 1930 年纽约市宾夕法尼亚车站风貌

会通过《纽约市历史地标保存法》，建立纽约历史地标保存委员会（Landmark Preservation Commission），负责论证和评审城市中应保护的地标建筑和历史地区，这些重要的历史建筑或街区一旦认定，未经委员会的批准，不得任意拆除或改建。随后，其他城市的历史保护法案也都相应出台，1966年，美国《国家历史保护法》（National Historic Preservation Act）颁布，历史建筑的保护开始走向法治化。开发权转让与特别分区制度作为一种对历史建筑或历史街区保护的有效手段，即是在这种背景下产生的，这两种制度也使容积率调控技术发展到街区转移与产权交易阶段。

1. 纽约中央火车站保护案

1961 年，美国开发商杰拉尔德·劳埃德（Gerald D. Lloyd）提出"关于密度区划的可转移密度"（Transferable Density in Connection with Density Zoning）概念[119]，是最初的开发权转让概念，也表达出开发权转让的实质就是一种不同区位之间的密度转移。开发权转让的概念正式确立于 1960 年代末 1970 年代初的"朋恩中央铁路公司（the Penn Central Railroad）财产诉讼案"。

纽约中央火车站（Grand Central Terminal）建成于 1919 年，位于曼哈顿中城区和第 42 街与公园大道的交会处，此地段为全世界地价最高的地区之一。从车站建成的第一天起，其产权拥有者——朋恩中央铁路公司就通过出租或出售周边的土地及所有权获取了巨额收益。1967 年，中央火车站被纽约历史地标保存委员会授权为历史地标保护建筑，这就意味着朋恩铁路公司不能随意拆除或改建中央火车站。但老火车站的容积率只有 1.5，而区划中要求的规定容积率为 15，如果可以加设广场，容积率还可以到 18，容积率的巨大差距带来的是可能获取的巨额利润。当时朋恩公司已经与英国联合通用地产公司（UGP）签订了一个 50 年的合同，合同规定要在中央火车站顶上加盖 55层高的塔楼，UGP 公司同意塔楼建设期间每年付给朋恩公司 100 万美元，建成后则每年至少支付 300 万美元。而中央火车站被列为地标也就表示朋恩公司的这些预期利润将化为泡影[153]。

1968年，朋恩公司与UGP公司共同向纽约历史地标保存委员会递交了两次申请，提交了两个方案，要求加建高楼，但均被历史地标委员会驳回，委员会的理由是："要保护地标，人们不会把它拆掉，要永久保存其建筑特征，人们不会将其剥去[131]。"但是考虑到朋恩公司可能会蒙受的经济损失，1968年，纽约历史地标委员会对区划立法进行了部分修改，允许地标拥有者可以将未使用的开发权转让给相邻地块，但每一次转让不得超过原有容积率的20％。这次立法修改正式确立了开发权转让的概念，但朋恩公司并不买账，以申请被驳回构成对私有财产的征收，违反宪法第十四修正案为由向纽约法院提起诉讼，将政府告上法庭。此次诉讼几经波折，最终于1978年由最高法院作出判决，认为地标法符合宪法，并没有剥夺朋恩公司的财产使用权。最终形成了高层建筑群与低矮火车站共存的特色城市景观（图3-10、图3-11）。

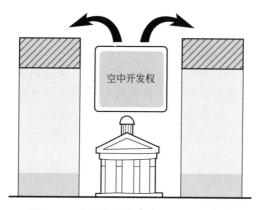

图3-10　中央火车站实施 TDR 示意[154]

图3-11　中央火车站景观

纽约中央火车站的成功保护使 TDR 概念得以在法律中正式确立，表面上 TDR 使中央火车站上空未开发的容积率得以转移，但由于未开发的容积率相当于未使用的开发潜力，可以获得相当利润，因此 TDR 实质上是不同地块上所有权人之间的容积率交易，为地方政府提供了一个可以不用投入公共资金来保护历史建筑的方法，并且这种方法还得到了法律的支持。因此，在中央火车站之后，TDR 的保护理念开始广泛流传，TDR 的空间保护范围也在不断加大。但是由于纽约中央火车站的案例中并没有良好地解决朋恩公司的收益问题，据称虽然保护委员会允许将朋恩公司不能开发的 170 万平方英尺的开发权出售，但截至 1988 年，朋恩公司仅成功地作了一项转让交易，转让的也只不过是其中的 4%[140]。因此，自 TDR 确立以来，对于 TDR 如何实施与运作的争论一直未断，有人认为 TDR 的出现是对现有区划法发展的重大进步，还有人却认为 TDR 不仅违背了宪法的基本精神，而且也无法维护城市公共设施的建设[155]。

2. 芝加哥计划：转让区与市场

法学教授约翰·科斯托尼斯（John J. Costonis）分析纽约中央火车站的 TDR 案例时认为，纽约政府对历史地标保护并不成功，主要问题在于政府并没有充分地考虑到历史地标所有权人的经济负担，严重阻碍了私有开发商对 TDR 实施的热情[156]。他在分析纽约现实问题的基础上，于 1971 年制定了 "芝加哥计划（the Chicago plan）"，主要理念仍是围绕运用 TDR 来保护历史地标展开的，主要创新观点如下[156]：

（1）公平性补偿与调控：科斯托尼斯教授认为纽约法案最大的失败之处在于没有对历史地标的所有权人进行公平性补偿，使 TDR 存在违宪的嫌疑。因此，在芝加哥规划中，他提出保护历史地标最关键的步骤是对历史地标的所有权人进行公平性补偿，使 TDR 的实施不至于会被提请诉讼，又可以促进 TDR 的发生。对所有权人的补偿价值应按照建筑在设定为历史地标之前的市场差价进行衡量，因而在 TDR 实施之前，地标委员会需要对历史建筑进行评估，主要内容包括：历史建筑的现有结构、重建与更新问题、未来私有业主的建筑维护问题等。在价值评估之后，地标委员会需要拟定一个整体的调控性计划，包括对地标所有权人的补偿、对历史建筑区免税、及对开发权购买者的奖励，以此来提升历史地标区域 TDR 的实施机会。

（2）建立 TDR 市场及银行：历史性建筑拥有一定的文化与艺术价值，很难用市场价值进行评估。为了提升 TDR 的交易机会，科斯托尼斯教授认为每个城市都应该建立"开发权市场"及"开发权银行"。开发权市场作为 TDR 的交易平台，释放地标所有权人的经济负担，开发权银行则主要用于稳定开发权市场，确定地标所有权人利益分配的公平性。在这个体系下，当某些历史地标的所有权人拒绝转让上空的开发权时，可以利用开发权银行进行征收或购买，再按照市场价值进行统一出售。通过这种方式使可转让的容积率与资金形成循环，可以有效提升开发权的市场需求与保护历史建筑。当业主拒绝转让时，可以要求城市将未使用的开发权进行征收或是购买。

（3）建立开发权转让区：芝加哥规划中将拟设立一个"开发权转让区（the Development Rights Transfer District）"，用于接收来自历史地标上空未开发的容积率，开发权转让区主要是政府对开发权的经营区，在接收来自历史地标上空的开发权之后，可以进行高强度的开发，因而开发权转让区应设置在城市中地价较高、较为发达的地区，按科斯托尼斯的观点，这个区域应该"集中在城市相当紧凑的区域，通常是城市中心"，可以获得更多的市场利润，用以弥补历史建筑区所有权人的资产损失。同时，建立开发权转让区有助于使这些转移出来的容积率按统一的市场标准来衡量价值，而不是过分依赖于原有历史建筑的区位与市场条件。虽然由于当时的芝加哥政府过于保守，最终科斯托尼斯教授的规划方案未获通过，"芝加哥计划"未能实现，但芝加哥计划中提出的以上几点创新性观点却对后来所有的 TDR 计划产生了至关重要的影响，"芝加哥计划"大大丰富了 TDR 的内涵与运作过程，在 TDR 的历史上具有里程碑的意义。

3. 南街港保护——容积率的流通与增值

二战之后，美国的建筑工业发展迅速，1972 年全美建房 230 万套，达到历史最高点，但在此之后，受到全球能源危机的影响，美国的经济危机，通货膨胀、经济停滞、高失业率并存。建筑业便随着经济的衰落逐渐衰退。美国政府的公共投资转向城市商业中心与步行环境建设，并加大对城际快速交通线路的投资力度，希望建立郊区与城市中心区的联系，使人们重新回到城市中生活。

南街港地区（South Street Seaport Area）位于曼哈顿布鲁克林大桥南，自 18 世纪作为曼哈顿的首要海港出现以来，就已经成为纽约历史上最繁荣的航海商业中心。从 1860 年代开始，随着轮船代替了快速帆船，南街港开始走向衰落。进入 1960、1970 年代，虽然一批低层的有历史价值的建筑得以保存下来，但都已经破败不堪，面临着被拆除的危险。1960 年代末，纽约市政府开始着手改造南街港，希望通过南街港保护历史建筑、建立密度合适的商业活动中心来带动整个曼哈顿的经济复兴。

1967 年南街港博物馆由政府与历史保护团体共同努力而建成，博物馆由历史保护团体的领导人彼得·斯坦福主要负责。斯坦福及保护团体的目标在

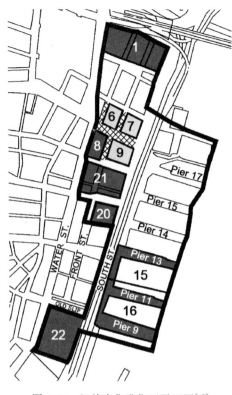

图 3-12　纽约南街港街区平面图[47]

于保护整个历史街区，因此他们不但收购了博物馆中的收藏品，还计划将南街港中历史建筑的产权全部收购到博物馆名下进行保护，所有资金来源于向银行抵押的收购地产贷款。但资金有限，只收购到部分地块。1969 年，纽约政府制定出南街港的特别分区法，建议南街港地区历史建筑上空的开发权出售给曼哈顿下城区的其他 7 个地区，为这些历史建筑提供维修资金（图 3-12）。但是进入 1970 年代以后，曼哈顿下城区的办公楼市场不景气，使博物馆经营陷入两难境地，一方面，无人购买空中权，缺少资金，另一方面，需要偿还银行的抵押贷款。为了挽救南街港的保护计划，由纽约政府授权的曼哈顿下城开发办公室首先支付 800 万美元收购了南街港中的三个历史地

段，并向银行偿还了一部分贷款，其余的欠款以 111480m² 的开发权形式支付给银行，作为资金抵押。银行可以在市场行情好转时伺机将开发权出售给办公区。经过博物馆、纽约政府与纽约银行之间进行的一系列交易，最终，城市政府将所收购的三个街区又转租给博物馆，由博物馆统一经营，纽约银行拥有了所有未使用的容积率的所有权，并最后将这些容积率以很高的价格出售给曼哈顿下城的办公区[157]。

目前的南街港经过博物馆与商业开发的联合，已经成为一个集历史、办公、零售、展览等于一体的文化、商业与旅游中心，正如南街港入口附近的一块标志牌上写的："博物馆是一个邻里街区。它就是街道、码头、店铺、市场、画廊和人们（图 3-13）。纽约市的历史和伟大的商业传统开始于此，并等待着你的发现[157]。"纽约市南街港历史街区保护的主要意义在于成功实现了未使用容积率可以作为不动产进行抵押的事实，并用实践证明了这些容积率的价值，据考证，在纽约银行收购开发权 10 年以后，此地容积率的价值已经升至 1973 年的 8 倍[47]。

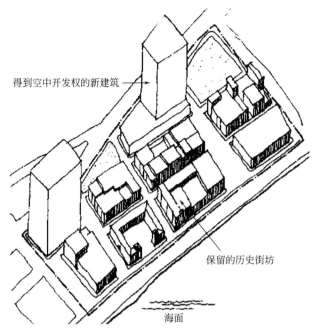

得到空中开发权的新建筑

保留的历史街坊

海面

图 3-13　纽约南街港 TDR 实施后的空间形态[158]

3.3.3　转让容积率保护生态环境

从 17 世纪中期到 19 世纪，美国政府对环境的态度一直秉持着倡导开荒与征服自然的原则，直到 19 世纪末，保护自然的观念才逐渐为人所知。罗斯福新政时期，环境的保护与管理工作向前推进了一大步，美国联邦政府成立了一系列机构承担公共设施建设与环境管理，在民间成立资源保护队负责资源保护与水土保持工作[159]，这些都成为广泛环境政策的基础。1962 年，雷切尔·卡森（Rachel Carson）出版了《寂静的春天》（Silent Spring），从环境污染的角度唤醒人们对环境保护的重视，在美国引起了巨大反响。随后，空间不可再生价值受到美国社会大众的认可，1969 年《国家环境政策法案》（National Environment Policy Act，NEPA）的出台成为继 1916 年区划法出台之后最有影响力的土地使用管制条例，约有一半以上的州在开发管理中引用此法案。法案阐述了国家的环境政策，其中最重要的条款，第 102（2）的（c）部分提出："包括每一个法律提案的推荐或者报告以及其他重大的联邦政府行为，如果这些行为显著地影响人类环境的质量的话，须有负责官员的正式而详细的说明，此说明包括：（ⅰ）计划中的行动可能对环境产生的影响；（ⅱ）万一执行该提案时可能产生的任何无法避免的不利影响；（ⅲ）该计划的替代方案；（ⅳ）局部的、短期的对人类环境的利用和保护加强长期生产力

85

的关系；（Ｖ）执行计划时，对资源造成不可能挽回和不可再生的消耗。"[160]

在此法案的影响下，联邦政府颁布了一系列法案：《清洁空气法案》（1970年）、《联邦水污染控制法案》（1972年）、《滨海区划管理法案》（1972年）等，并提出规定，"对人类环境造成冲击的规划和决策中，必须有系统地融合及使用自然科学、社会科学及环境规划艺术[81]"，任何土地利用计划、开发计划、法律草案等都必须对自然景观、交通运输、物理环境、历史文化等因素的冲击进行环境影响评估（Environment Impact Statement，EIS）。这些法案与政策彻底改变了美国政府的决策过程，各州及地方政府也制定并颁布了相关的法案，要求规划方案需要进行环境影响评估，将开发活动对环境影响的负面结果减到最低，各种民间的环境保护组织出现，空间资源价值受到美国社会的广泛关注。佛罗里达州、俄勒冈州、缅因州等先后在全州范围内实施的土地利用规划中，都立足于保护环境与资源，因而容积率转让技术的发展拓展到生态保护与农地保护层面，但在1970年代仅有部分地区进行了初步性尝试，比较有代表性的有以下几个地区。

1. 科里尔郡的生态敏感区保护

佛罗里达（Florida）州的科里尔（Collier）郡是佛州的第二大县。位于佛州西南海岸，临近墨西哥湾，由于具有优越的地理条件，郡中超过75%的地区由亚热带沼泽、湿地等生态敏感区组成。1970年代初，科里尔郡的人口约为5.2万人，大多数居住在沿海地区。如同美国其他城市一样，科里尔郡在1970年代也开始经历大规模的城市更新，使郡中的生态环境面临着被开发的危险。为了防止城市过快的开发造成对郡中环境资源的破坏，1973年，科里尔郡政府出台了一系列的保护性法案，如《墨西哥湾建筑退后限制条例》（Building Setback Limits from the Gulf of Mexico）、《沙丘保护条例》（A Dune Protection Ordinance）、《树木保护条例》（A Tree Protection Ordinance）、《环境影响调查条例》（An Environmental Impact Statement Ordinance）[161]，成效却并不明显。1974年7月，科里尔郡环保局（Collier County Conservancy）举行了一次由郡政府官员参加的研讨会，讨论科里尔郡的生态环境保护方法。1974年9月，科里尔郡政府采纳了一项综合计划，10月8日按照综合计划内容颁布区划条例修正案，推出使用TDR制度来抵制过快的增长，保护郡内的海岸线、沼泽地及其他生态敏感区。

科里尔郡在区划修正案中，新增加了一项土地分类，是一些需要保护的生态敏感用地，被称为特殊对待（Special Treatment，ST）用地，郡中84%的土地都被划归为ST用地。郡内所有的新开发活动都需要获得开发许可证，但在ST外的用地，如果没有获得开发许可可以向政府申请区划修改，而ST内的土地一律禁止开发，所有权人需要保证土地原有的自然状态。为了不致使所有权人的财产受到损失，政府规定可以将 ST 内的开发权部分或全部转让，主要要求如下[162]：

①开发权必须转让到非 ST 地区；②转让地区需要接近 ST 地区；③被指定为 ST 的地区与临近居住用地相互发生转让时，必须使用居住密度信用（denstiy credit）进行交易，ST 地区必须保存原有的自然状态或是被有限地重新建设为开放空间、地表排水设施等；④非 ST 地区的转让需要提交地区开发计划申请，ST 地区的转让应制定出地区开发计划，防止转让之后会对周围居住密度产生影响；⑤每一次转让申请提交或是转让计划制定都需要在科里尔郡的巡回法院中进行记录，形成契约性文件；⑥可转让密度信用可以使用英亩—英亩进行换算，在居住用地中也可以使用英亩—密度进行换算。

在法令制定之初，科里尔郡政府单方向认为只要出台相关的 TDR 法令就可以有效地对划定为 ST 地区内的生态资源进行有效保护，但却事与愿违，法令出台许久，没有人申请使用 TDR 制度，此项法令当时被称为"土地使用控制中的静悄悄的革命（the quiet revolution in land use control）"。为了改善这种现象，科里尔郡政府与开发商进行多次讨论，着手对 TDR 法令进行部分修改。1979 年，一项修正法案出台，允许 TDR 转让发生在与 ST 地区非相邻地区，同时简化了 TDR 申请的流程，取得了一定的效果。虽然由于多种原因，使科里尔郡在 1970 年代制定的 TDR 法令并不十分理想，但作为全美第一个将 TDR 技术应用到生态环境保护中的地区，为其他城市提供了一些创新性观念，如：TDR 的申请本着自愿的原则进行，由于 TDR 法令是作为区划条例的补充性法律，如果强制性执行，可能会对 ST 地区的所有权人造成私有财产的违宪性征收行为，因而，此法令的制定仅作为所有权人对个人财产处理的一种选择，保证了法律实施的公平性。同时，最初 TDR 法令中设置的 ST 地区与邻近地区的转让要求将 TDR 转让条件设置得过于严格，造成无人申请的现象，也为其他城市提供了良好的借鉴经验。

2. 白金汉镇的农业用地保护

白金汉镇（Buckingham Township），位于宾夕法尼亚州的雄鹿（Buck）县中部，距费城（Philadelphia）约 25 公里。全镇约 33 平方英里，其中超过一半的土地面积为农业用地。1970 年代起，白金汉镇的农业用地开始被大量的新建设开发所取代，据统计，从 1967~1977 年的十年之间，白金汉镇的农业用地减少了八分之一。为了应对这种由于快速发展而引起的负面问题，白金汉镇政府在 1974 年借鉴了科里尔郡的经验，将农业用地保护与市场开发相结合，制定了一个综合性发展计划，计划设定修改原有的区划法，将土地进行重新分区。1975 年 3 月，区划法修正案出台，重新划分了五个新的区划用地，将其中一个设定为集中开发建设用地，其余四个为农业保护区（Agricultural Districts，AG)。对原有区划用地居住密度设定 1 个住宅单元/亩进行了重新修改，在集中开发建设地区，居住密度上调为 2.5 个住宅单元/亩，在农业保护区，居住密度下调到 0.2、0.3、0.5 个住宅单元/亩。

虽然在农业保护区中降低了开发密度，但是区划法令允许保护区中土地所有权人可以将限制开发的密度按照原有区划密度（1 个住宅单元/亩）进行转让，用以保证所有权人的利益不受损失。TDR 法令的实施仍然如同科里尔郡一样，本着自愿的原则进行，保护区内的所有权人可以选择不使用 TDR 制度。但如果他们仍然选择在保护区中进行低密度开发，区划法中要求需要在原有用地上按 10％～20％的比例进行集束性开发，余下的农业用地也必须依照法令进行严格保护。

白金汉镇的 TDR 法令制定初期也不算成功，法令出台一年多，仅有一桩成功的居住密度转移申请案，主要原因在于法令设定的虚拟可转移开发权没有按照实际的市场需求与居住人口数目来考虑，在区划设定的四个保护区中，可以生成 12474 份开发权，而集中建设区的最大开发权容纳量只有 1862 个单位，致使密度转移过程中出现失衡[163]。但相比较科里尔郡的 TDR 制度，白金汉镇仍有十分重要的进步之处，如，在本着自愿原则的基础上，白金汉镇在 TDR 法令制定过程中融入了奖惩机制，吸引保护区的所有权人加入到 TDR 的行列中，虽然将保护区的转移密度从原有的每亩 1 个居住单元降低到每 5 英亩 1 个居住单元，每 3 英亩 1 个居住单元，或是每 2 英亩 1 个居住单元，但如果所有权人选择 TDR，则可维持原有的转让密度。对所有权人来说，根据不同的农地保护类型，其奖励的居住密度比范围为 2：1～5：1，而如果所有权人仍不想加入，执意要在保护区中开发，则被要求限定在更小的范围内实施开发活动，从某种程度上说，可以视为一种惩罚。同时，白金汉镇的 TDR 法令中倡导建立开发权转让市场，主张利用市场的交易机制来解决开发权的价格问题，在市场中将开发权按份定价，由保护区与开发区双方通过协商方式进行密度转移，通过自由交易实现对镇区内农地的保护[161]。

3. 新泽西州的会议法案 3192 号（New Jersey Assembly Bill 3192）

1975 年，美国新泽西（New Jersey）州政府对开发权转让制度进行立法，成为美国历史上第一个在全州范围内推行 TDR 标准授权法的州。1970 年代初，新泽西州政府的联合推广服务部（Cooperative Extension Service）与罗杰斯大学的库克学院（Rutgers University，Cook College）共同成立了一个研究小组，领导人为查威（B. Budd Chavooshian），致力于 TDR 制度如何在全州范围内实施，以及 TDR 州立法的起草工作。1975 年，研究小组出台 TDR 立法草案——被称为新泽西州会议法案 3192 号的城市开发权法案（The Municipal Development Right Act）。城市开发权法案的立法如果通过，新西泽州的行政管理部门将会建立统一的 TDR 实施条例，TDR 的实施与运作在全州范围内将实现标准化，有利于容积率转让的实施范围扩展到行政州的层面，有利于不同行政管辖区政府之间的相互合作，因此此法案的推行得到新泽西政府大力支持，1975 年 5 月，新西泽州联合会议通过城市开发权法案的草案内容。

城市开发权法案的创新性内容包括[164]：将法案的立法目标提升到整体空间资源保护层次。法案指出通过建立城市至少未来十年的增长目标，首先，对城市中所有土地现状用途与未来开发潜力进行评估，根据不同地区的资源价值与市场潜力价值划定城市中的限制开发区与鼓励开发区，分别定义为保护区（Preservation zone）与转让区（Transfer zone），然后再进行开发权的分派与密度转移；同时，提出实施 TDR 过程中应制定出详细的转移计划（conversion schedule），计划中包括保护区与转让区的开发权分派及不同市场需求下的开发权价格，为政府提供不同情况下的参考意见；提倡在全州范围内不同行政辖区范围内的政府合作，将 TDR 制度的范围扩大，并建立统一的开发权银行，保证市场的稳定与各地方政府的利益。1975 年城市开发权法案以新泽西州内的地方政府为对象，提供了一个纲领性的 TDR 计划，这在之前是绝无仅有的，对 TDR 在全美各城市的推行提供了良好的基础，由新泽西法案开始，TDR 计划开始盛行，各地方政府可以根据地方条件纷纷制定出用于保护本身特色的 TDR 计划，容积率转让技术的实施拓展到城市与区域层面。

3.4　容积率调控计划与政策阶段（1980 年至今）

空间作为一种稀有资源，其资源的价值不仅体现为对当代人的环境影响，还包括对下一代人的环境影响，因而空间的资源价值是极为珍贵且需要受到保护的。进入 1980 年代以后，空间的资源价值得到美国社会的普遍认可，在美国的国家政策、区域规划、总体规划等领域中都制定了与空间资源保护相关的内容，具体表现为对自然资源空间的保护与对城市内开发空间的增长管理。

3.4.1　从增长管理到精明增长

从 1980 年代开始，美国城市管理中"新式联邦主义（New Federalism）"兴起，联邦政府将管理权力与责任回归于州和地方政府，表现为减少联邦政府卷入国内事务的机会，鼓励州与地方政府去承担更多的政策职责，联邦政府仅对一些必要性设施提供部分资金，如社区发展或教育，由联邦拨款援助项目的资金占原有州和地方政府开发比例，自 1987 年以来已经降低到 20％以下[165]，城市建设主体几乎完全由私人团体来承担。这一时期开发商的财力越来越雄厚，环保组织与开发商之间的矛盾越来越大，政府居间调停越发吃力[138]。同时，私人团体的自由消费属性使城市结构的分散性进一步加强，表现在空间上不断加强的蔓延趋势。因而，1970 年代以后，美国政府开始逐渐加强对土地利用的干预，逐渐形成了增长管理（growth management）、精明增长（smart growth）等规划理念。

城市增长管理理念以美国城市郊区化带来的城市蔓延为背景，以纽约州的拉马波镇制定出的增长管理计划为标志。1975 年，"增长管理"的概念在《成长的管理和控制》（Management ＆ Control of Growth）一书中被正式提出，是指地方政府运用各种管理手段结合区划管理来协调地方上的发展与土地开发行为矛盾的一系列措施。与传统规划手段不同的是，增长管理不再实施严格控制，而是通过严格评估建设的必要性来整合公共资源、保护自然与合理地引导城市增长。

1980 年代以后，可持续发展（sustainable development）概念出现：国际自然保护同盟的《世界自然资源保护大纲》颁布，提出"必须研究自然的、社会的、生态的、经济的以及利用自然资源过程中的基本关系，以确保全球的可持续发展"，使城市增长管理政策的目标提升到促进城市经济开发与环境保护协调的层面上来。美国增长管理主要的运作机制是州政府、区域部门与地方政府共同运作，一个优秀的增长管理系统由长远规划、基础设施改进设计、影响分析、许可程序、开发协商等很多方面组成，可以对控制城市蔓延、保护和建设公共物品等方面起到相当大的作用。增长管理协会的道格拉斯·波特，将增长管理的特点总结为[122]：是包括趋势预测、实施结果、目标更新、现代管理手段在内的一系列管理进程；是满足发展需求的一种手段；是对存在冲突的各种发展目标进行权衡的过程；是地方需求和区域利益之间的协调。美国很多大城市都采取了增长管理政策，很多城市甚至组成增长管理联盟，如圣地亚哥市连同周边 18 个地方政府共同组成圣地亚哥政府协调会来实施广域性的增长管理计划[166]。

1990 年代以后，针对城市蔓延与城市中心区的衰退，美国前副总统戈尔启用了"精明增长"计划。对于精明增长的概念有多种解释，自然资源保护委员会（Natural Resources Defense Council）认为："精明增长是我们城市的复兴，是一种紧凑的、适于步行的、公共交通导向的，并且最大程度地为我们的后代保护优良景观的发展方式"。城市土地协会（Urban Land Institute）认为："精明增长不是停止或限制增长，而是包容了经济水平的提高、环境的保护和社区生活质量的改善。"[167]这些概念虽然说法不同，但是内涵基本相似，集中于阐述精明增长是以可持续发展为目标的一种规划管理政策，解决

90

城市开发与资源保护的矛盾。2003 年，美国城市规划协会指出了精明增长理念的三项要素：保护城市及周边的土地；鼓励填充式开发和城市更新；发展公共交通，减少对小汽车的依赖。

图 3-14　容积率调控技术与发展
背景调控技术成熟期

在以上多种以可持续发展为目标的新型规划理念的引导下，目前美国所有可能对环境造成冲击的开发项目都需要通过环境影响评估的审核，容积率调控技术的秩序确立也不例外，容积率调控技术已经成为以上规划理念实施的政策性操作工具，其调控技术的实施范围扩大到城市及城市以上的区域空间层面，以空间资源的整体保护与整体开发为基本实施目标（图 3-14）。

3.4.2　城市特区的维护计划

城市范围内的容积率调控技术应用表现为相互融合，容积率奖励、容积率转让、容积率转移、容积率储存都是城市维护特色的重要手段之一，所不同的是应用的侧重点不同，如纽约以容积率转让为主，西雅图以容积率奖励为主等。

1. 纽约市中城区的历史特色维护

纽约市是实施容积率奖励与转让技术最早的城市，1960 年代末，建立了特殊剧院区，1970 年代，纽约市就已经出台了用于保护 300 栋地标建筑的 TDR 地标保护计划，1978 年的区划修订案中明确了 TDR 的法律地位。但这种繁荣的城市空间特色局面到 1970 年代末期戛然而止，一方面，市场经济萧条使城市中的办公建筑建设停止，剧院奖励对开发商来说已经缺少吸引力，同时在市场机制导向下，那些已经建设的剧院或历史建筑也陷入无法运营状态。另一方面，起因于都铎城市公园的财产诉讼案，1976 年，都铎城市公园的所有权人 Fred F. 法国投资公司将纽约政府告上法庭，认为行使 TDR 过程中对其财产构成征收，纽约上诉法院判决纽约政府的行为构成违宪，损害了所有权人的法定地位。经过这一案例之后，在接下来的 5 年中，纽约市的城市建设都尽量回避使用 TDR 技术，直到 1981 年。

1981 年 6 月，纽约城市规划委员会（City Planning Commission，CPC）制定了一项通过创建特别中城区（Special Midtown District）来复兴曼哈顿地区的规划，主要目的是通过将东城区的密集性建设转移至西部，实现"增长、稳定与保护（growth，stabilization and preservation）"的三赢战略[72]，规划的主要内容围绕两条主线展开，一条是对波特曼（Portman）酒店的建设计划——在已经拆除的莫斯科（Moscow）与海伦·海耶斯（Helen Hayes）剧院上进行建设，另一条是以百老汇剧院区保护为中心的第 42 街开发计划（42nd Street Development Project，42DP）。百老汇剧院区的保护以原有在容积率奖励制度中建立特别剧院区为基础，并将 TDR 计划的立法与实施过程融入其中（表 3-4）。

1980 年代至今纽约市中城区 TDR 计划的立法进程　　　　表 3-4

年份	相关机构	相关政策及法案
1981 年	城市规划委员会	特别中城区规划
1981 年	美国建筑师学会	使用 TDR 对剧院区所有权人进行补偿
1982 年	纽约政府	任命剧院咨询委员会,起草 TDR 计划草案,修改区划,扩大剧院区边界
1984 年	剧院咨询委员会	发表 TDR 报告,认同 1982 年区划条例修改,呼吁建立纽约影院依托基金
1987 年	地标保护委员会	认定 44 个剧院中的 28 个为地标保护建筑
1988 年	纽约评估委员会	认定剧院区所有权人可以同时持有奖励容积率与可转让开发权
1997 年	纽约政府	再一次修改区划,扩大剧院区范围,修改 TDR 进程,设立剧院特别基金

　　1980 年代初，百老汇地区的剧院处于破产与被拆除边缘。当时唯一能够避免拆除的办法是将这些剧院建筑确定为历史地标建筑，地标保护委员会（LPC）可以对这些建筑部分或全部地减免税收，但这样仍无法补偿剧院所有权人的利益损失。1981 年，美国建筑师学会建议使用 TDR 方法对剧院区的所有权人进行经济补偿，得到城市规划局（Department of City Planning，DCP）的许可，随后城市规划局提出了一项剧院分区 TDR 计划（图 3-15）。在此计划之下，被认定为历史地标的剧院建筑所有权人可以将所持有的开发权转让到临近地段，包括临街或十字路口相对地段。剧院区的业主虽然接受建议，但却向纽约当局提出改善条款，包括要求开发权交易可以不受临近地点限制，要求超越 1967 年特殊剧院区的边界等。经过几周的协商与讨论，纽约政府最终于 1982 年 5 月作出决定，修改了剧院区的边界，并起草了一份临时性的 TDR 计划框架，一份自愿性公约（Voluntary Covenants）及特殊破坏许可（Special Demolition Permit Requirement），最后任命了剧院咨询委员会（Theater Advisory Council，TAC）作为剧院区实施 TDR 计划的权威管理机构。剧院咨询委员会在 1984 年出台了 TDR 报告，认同 1982 年的区划修改。

　　虽然纽约市政府几经努力，希望通过 TDR 计划来补偿所有权人的损失，但这些剧院区的所有权人却坚持认为剧院产业具有经济边缘性，难以维持个人的财产利益。直到 1988 年，评估委员会作出妥协，允许在剧院区的某些领域中，所有权人可持有奖励容积率与可转让开发权。在一个受到 TDR 保护的地标建筑中，所有权人可以将奖励的容积率出售给开发商，同时也可以将未

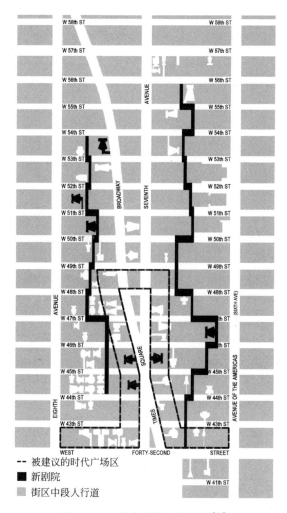

图 3-15　纽约市剧院区平面图[76]

- -- 被建议的时代广场区
- ■ 新剧院
- ▧ 街区中段人行道

使用的容积率以开发权的方式转让到周边地区中。

1997 年年底，纽约政府又对 TDR 计划进行了一次更新，作出两项修改：①扩大了容积率的转让范围；②修改了 TDR 的转移进程。此外，在新的区划体系下，只要转让可以增加接收区的容积率，将不受到 20％的限制等。到目前为止，纽约市中城区的 TDR 计划还在不断修改着，此计划的更新过程是政府与公众、开发商之间的博弈，不同的历史时期，公众利益有不同的现实要求，政府在对公众作出妥协的同时，还需要不断权衡修改立法可能对城市环境造成的影响，以及开发商的利益所得。

2. 洛杉矶中心区再开发与保护计划

早在 1960 年代，洛杉矶（Los Angeles）就开始实施容积率红利制度，但却由于缺少必要的规划与实施计划而造成大量的空间浪费问题。Cook[168]评论认为洛杉矶"过度地兴建建筑物是个问题……问题不只是因为大型建筑物出现，且由于额外增加的楼地板面积累积之后，可能超出都市基本结构的负荷。"1975年开始，洛杉矶制定了城市再开发计划，开始控制城市发展规模，谨慎地实施城市复兴建设。在再开发计划中，提出"容积率平均值（Floor Area Ratio Averaging）"的子计划，允许容积率的送出区可设置在城市中心区中的商业区与工业区中的任何地区，接收区必须设置在中心商业区再开发区（Central Business District Redevelopment Area）的 5 类居住区（R5）中和布克山城市更新计划区（Bunker Hill Urban Renewal Project Area），但在进行容积率转让时，送出区与接收区必须相邻或相接，即使转让地分离，也必须有相关的公设设施或构筑物相接，如两地块之间拥有共同的人行通道或建筑连接体。送出区与接收区的转让率为 1：1，只要两区限制的容积率相加之和不变，接收区在接收额外容积率之后，最高限制为 13。由于这项计划对容积率转让区的设置要求过于严格，并没有得到全面的推广，当时的助理规划局长鲍勃·萨顿（Bob Sutton）认为这项制度更适用较小规模、较小地段的开发项目，不宜展开。

1985 年，洛杉矶在再开发计划基础上，颁布《指定建筑地点法案》（Designated Building Site Ordinance），将容积率调控的范围扩大到城市历史建筑保护中，1988 年，又再次扩大范围，拓展到城市住房、开放空间、社区文化设施、公共交通层面，形成城市 CBD 范围内的容积率调控计划。在整个中心商业区再开发区，面积近似于 2.5 平方公里，被规划为 5 个发展区：市民中心区（Civic Center）、核心商业区（Central Commercial Core）、中心城东区（Central City East）、南公园区（South Park）、东部工业园（Eastside Industrial Park），容积率的转让区设定在除工业园区之外的四个区中进行，相较于1975 年的容积率平均值计划，此法案要求有几个重要改进：①送出区与接收区可以非相邻，但需要在 1500ft 范围之内；②接收区在进行高密度开发之后需要考虑与城市交通设施相联系；③容积率建设要求不得高于区划法限制；④在新开发项目中鼓励兴建公共设施，并给予一定的面积奖励；⑤每转让 1 平方英尺的建筑面积需提出 35 美元的公共福利基金（public benfit payment）用于公共设施建设。

由于 1988 年洛杉矶中心区的容积率调控计划继承了 1985 年《指定建筑地点法案》维护城市历史特色的主旨精神，因而在中心区的历史建筑保护方面最有成就（表 3-5），其中最具代表性的是洛杉矶市中央图书馆（Central Library）保护。中央图书馆兴建于 1926 年，虽然经历过地震与两次火灾，但中央图书馆仍然完整，1967 年被洛杉矶市指定为历史遗址，1970 年被美国联邦政府列入历史场所名录中。1980 年代末洛杉矶市将图书馆上空的未使用容积卖出，利用收益资金对图书馆实施保护，并在扩建工程中加建了一个公共广场与地下停车库，整个过程市政府共获得价值约 6500 万美元的公共利润（图 3-16）。由于洛杉矶市规划在制定调控计划时要求容积率送出区与接收区位置相邻，因此容积率转让实施之后城市中心区中形成多个低矮历史建筑与高大办公楼共存的独特景观。

洛杉矶市应用容积率调控技术保护的部分指定历史建筑[169]　　　表 3-5

指定保护区名称	修复与建设内容
Central Library	维护原有 16.1 万平方英尺建筑，并加建 20 万平方英尺
Library Plaza	广场下加建了 600 平方英尺停车场，上面加建 600 平方英尺的零售商业空间
One Bunker Hill	修整原有 22 万平方英尺的办公楼，另加建设 2 万英尺
Library Tower	加建一个 73 层的办公塔楼，共 130 平方英尺，平均容积率 18.77
Grand Place Tower	加建 70 层办公楼，容积率 19.82

(a)　　　　　　　　　　(b)　　　　　　　　　　(c)

图 3-16　洛杉矶中央图书馆

（a）中央图书馆与周边建筑的空间关系；（b）中央图书馆扩建之前；（c）中央图书馆扩建之后

3. 西雅图中心区的奖励与转让规划

在美国的所有城市中，西雅图（Seattle）的容积率调控体系中具有最精细的奖励制度，也具有最多市民反对的经历。最早在 1963 年，西雅图就启用了奖励区划制度，仿效纽约市，为提供广场与拱廊的开发项目给予一定量的容积率奖励，由于没有提出明确的奖励比率，造成大量无用的开放空间出现，到 1970 年代以后，容积率奖励开始成为一个敏感性的话题，甚至有批评者认为，开发者所得到的利益远超过公众之所得，所给予的价值应与所接受价值相当，但有些情况下，公众的损失大于所得[168]。为了切实改善城市空间环境品质、保护历史建筑与提高中心区的居住密度，1985 年，西雅图市推出城市中心区规划，将城市中心区进行重新分区（图 3-17），降低了原有的基本区划容积率，并在此基础上增加了最大容积率上限设定，开发商可以通过增加公共设施或在中心区使用 TDR 来达到获取额外的容积率，以此实现城市中心区的复兴。

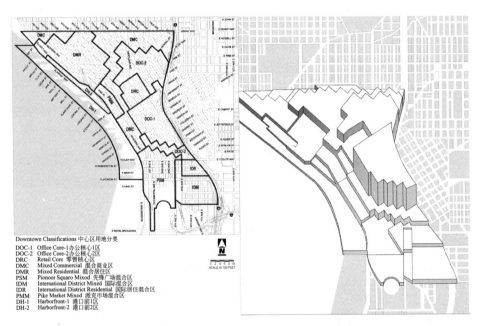

Downtown Classifications 中心区用地分类
DOC-1　Office Core-1 办公核心 1 区
DOC-2　Office Core-2 办公核心 2 区
DRC　Retail Core 零售核心区
DMC　Mixed Commercial 混合商业区
DMR　Mixed Residential 混合居住区
PSM　Pionoor Squaro Mixod 先锋广场混合区
IDM　International District Mixed 国际混合区
IDR　International District Residential 国际居住混合区
PMM　Pike Market Mixed 派克市场混合区
DH-1　Harborfront-1 港口前 1 区
DH-2　Harborfront-2 港口前 2 区

图 3-17　西雅图中心区用地分类及开发体量控制

西雅图的容积率调控制度主要设定在以下七个分区中[163]：办公核心 1 区（Office Core-1）、办公核心 2 区（Office Core-2）、混合商业区（Mixed Commercial）、零售核心区（Retail Core）、派克市场混合区（Pike Market Mixed）、港口前 1 区（Harborfront-1）、港口前 2 区（Harborfront-2）。容积率奖励可在其中任何区中发生，但是实施容积率转让（TDR）时，主要的开发权送出区包括：零售核心区、派克市场混合区、港口前1区、港口前2区，开发权接收区包括：办公核心1区、办公核心2区、混合商业区、零售核心区，这里零售核心区实施TDR时，送出区与接收区需在同一街区内实现，因而零售核心区既是送出区，又是接收区。

虽然在各个接收区中设定的容积率最大上限不同，如办公核心1区中的容积率为5～14，而办公核心2区的容积率为5～10，但是各分区中设定的奖励与转让方式基本相同，其基本结构可划分为三个部分（图3-18）：A—基础容积率（base FAR）控制、B—公共设施奖励及其他奖励或TDR实施（C、D)[170]。基础容积率是在中心区土地使用法令中设定的，具有法定性，不容随意修改。B、C、D可以供开发者自行选择，只要在接收区最大容积率上限要求范围内，在开发地块内容积率奖励和TDR可以同时选择，均可以获得额外的楼地板面积。TDR的使用类型可分为可负担住宅、历史地标保护、不同建筑尺度空间创造等，而可进行容积率奖励的公共设施项目达到28项（表3-6、表3-7），为开发商在城市中心的建设创造了极大的开发自由，但也逐渐招致公众的质疑与反对。

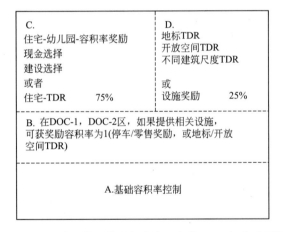

图3-18　西雅图市可获得额外容积率的TDR与奖励项目

西雅图中心区内的建筑面积奖励（1989年)[171]　　　　　　　　表3-6

公益要素	办公核心1区	办公核心2区	零售核心区	混合商业区	混合居住区	港口前2区	最大奖励面积（ft²）
电影院	X	X	X	S	S	—	15000
购物中庭	M	M	X	M			15000
购物走廊	M	M	X	M			7200
零售商店	M	M	—	M	M		15000

公益要素		办公核心1区	办公核心2区	零售核心区	混合商业区	混合居住区	港口前2区	最大奖励面积（ft²）
分区公园		X	X	—	S	—	—	15000
住宅区公园		—	—	—	—	S	—	7000
街道公园		—	M	—	M	M	—	未定
街道可达的屋顶公园		X	X	—	S	—	—	20%
室内可达的屋顶花园		X	X	X	S	—	—	30%
登山辅助设施		M	M	—	M	—	—	未定
山腰平台		M	M	—	M	M	—	6000gsf
港口前的开放空间		—	—	—	—	—	X	未定
人行便道加宽		M	M	M	M	M	—	=加宽宽度
使人免遭气候影响的顶棚		M	M	M	M	M	—	未定
建筑外墙的自愿缩进		—	—	—	—	M	—	10×建筑正面宽度
雕刻建筑顶部		X	X	—	—	—	—	30000
短时间停车场		M	M	M	M	—	—	未定
基址较小的开发项目		X	X	X	M	S	—	未定
服务设施		X	X	X	S	S	—	10000
照看儿童		X	X	X	S	S	—	10000
艺术演出剧院		X	X	—	—	—	—	未定
博物馆		X	X	—	—	—	—	30000
城市广场		M	M	—	—	—	—	30000
运输隧道入口		M	M	M	—	—	—	15000
公共中庭		X	X	X	—	—	—	5500
住宅		X	X	M	X	S	—	未定
协商	大型零售商店	—	—	X	—	—	—	—
	艺术演出剧院	—	—	X	—	—	—	—

注：—：不适用；
　　X：在整个分区采用奖励措施；
　　M：仅根据地图实施奖励；
　　S：根据小区规定实施奖励。

98

西雅图的容积率奖励规则[76]   表 3-7

公益项目		奖励比率	最大适用面积
人力服务单位	新建筑	7	10000 平方英尺
	现有建筑	3.5	10000 平方英尺
	新建筑	12.5	10000 平方英尺
	现有建筑	6.5	10000 平方英尺
	电影院	7	15000 平方英尺
	购物大厅	6 或 8	15000 平方英尺
	购物廊	6 或 7.5	7200 平方英尺
	商品零售	3	地块面积的 0.5 倍(不超过 15000 平方英尺)
街心公园		5	7000 平方英尺
屋顶花园	从街道进入	2.5	地块面积的 20%
	从内部进入	1.5	地块面积的 30%
	登山辅助设施（电动扶梯）	1.0	不应用规定
	山坡平台	5	6000 平方英尺
	人行便道拓宽	3	满足人行便道宽度要求
	天气防护遮棚	3 或 4.5	地块临街面积的 10 倍
	建筑顶部雕塑	每平方英尺缩减奖励 1.5 平方英尺	3000 平方英尺
小地块开发		2.0 倍容积率	不应用规定
短期停车场	地上	1	200 个车位空间
	地下	2	200 个车位空间
表演艺术剧院		12	服从公益项目法规
博物馆		5	3000 平方英尺
城市广场		5	15000 平方英尺
公共大厅		6	5500 平方英尺
车站入口	车站附属建筑	25000 平方英尺	每地块 2 个
	地上	25000 平方英尺	每地块 2 个
	扶梯	30000 平方英尺	每地块 2 个
住宅开发		服从公益项目法规	最大奖励:地块面积的 7 倍

城市中各种民间团体逐渐建立，其中最著名的是西雅图的市民选择规划
(Citizens Alternative Plan，CAP)。1989 年，西雅图一些区划条例反对者联
合起来成立名为"市民选择规划"的市民联盟，并制定出《市民选择性规划

提案》（Citizen's Alternative Plan Initiative），试图减少西雅图中心区的面积，对每年新建筑的建筑面积加以限制。该选择性规划收录在1989年通过的一项市民公决提案中，因取得了62%的投票者的通过而得以批准。1989～1994年间，选择性规划规定每年新增办公空间不得超过50万平方英尺，1995～1999年间的规定是100万平方英尺；同时，对于每年新建建筑，它优先选择的是总面积小于85000平方英尺的八栋建筑物，而不是大型开发项目[171]。选择性规划专注于对城市中心区总开发量与办公建筑规模的控制，使西雅图城市中心区在利用容积率的经济属性进行增加设施与创造空间特色的同时，维持了中心区房地产市场的稳定。

3.4.3 城乡之间的平衡计划

城乡之间的保护计划主要针对的是农田、森林等自然资源的保护与城市开发区域的平衡，各州或地方政府通过总体规划为用地进行分析，再通过区划修正案出台相关的容积率调控计划。常熙（Chang-Hee）和克里斯汀·贝（Christine Bae）[24]认为实施容积率调控计划可以有效地控制城市外围地区的蔓延，提高城市中心区的密度。容积率调控计划成为集公共设施建设、公众参与、调控手段等于一体的政策性制度，与地方特色结合，以郡或州为单位，跨越不同的行政管辖区对农田进行统一保护。这一时期的容积率调控计划表现出两种倾向，一种是新兴计划的实施，另一种是对原有计划内容的调整。

1. 蒙哥马利郡的保护计划

美国马里兰（Maryland）州的蒙哥马利（Montgomery）郡位于首都华盛顿的西北方，面积32.3万英亩，郡东部为居住密集区，北部主要为农田区。1956年，马里兰州在全美首次使用优惠税对全州的农田进行保护，1969年，蒙哥马利郡提出"楔形与廊道（Wedges and Corridors）"土地使用计划，将区划开发密度从原有的1个居住单元/1～2英亩调整为1个居住单元/5英亩，试图保护郡南部与北部的农田，但成效不佳，1970年代大规模的开发使约18%的农田流失。

1980年，蒙哥马利郡议会采纳了题为"保护农业与乡村开放空间（Preservation of Agriculture and Rural Open Space）"的总体规划，在郡北部设置了91591英亩的"乡村密度转移区（Rural Density Transfer Zone，RDT）"作为农田保护与限制开发区。在RDT区中，开发权的转让率为5：1（1份开发权/5英亩），所以91591英亩可以创造出18319份开发权。同样在1981年，蒙哥马利郡在奥尔尼（Olney）社区的总体规划中创造了第一个接收区，用于接收来自RDT的所有开发权，随后一直到1997年，蒙哥马利郡陆续在不同的城市及社区中建立了14个接收区（图3-19）。到2000年，使用TDR制度

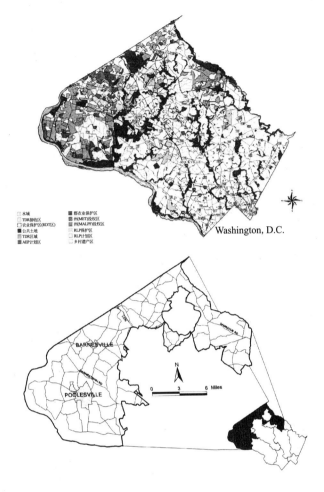

图例：

水域　　　　　　　郡农业保护区
TDR接收区　　　　州(MET)役权区
农业保护户区(RDT区)　州(MALPF)役权区
公共土地　　　　　RLP保护区
TDR区域　　　　　RLP计划区
AEP计划区　　　　乡村遗产区

Washington, D.C.

BARNESVILLE

POOLESVILLE

0　　3　　6　Miles

图 3-19　蒙哥马利郡农业保护计划（2000 年）

共保护了 40583 英亩的农田，被认为是全美保护农田最成功的 TDR 计划[172]。蒙哥马利郡 TDR 计划的成功主要表现为以下特征：

（1）TDR 计划的制定框架完整：1980 年，蒙哥马利郡通过在总体规划中提出设立 RDT 农田保护区，此农田保护区的设定是在总体规划中对土地资源价值定量分析的基础上提出的，从科学角度保证了土地的资源价值与经济价值。1987 年，在总体规划的基础上，郡政府实施了综合性区划条例，将 TDR 计划的内容与程序法定化，进一步完善了 TDR 计划的实施框架。

（2）合理的开发密度评估：对于保护区的转让密度，允许所有权人的限制性开发密度为 1 个居住单元/25 英亩，而转让密度为 1 个居住单元/5 英亩进行，提升了 5 倍的转让率，较好地满足了保护区所有权人的开发权出让需

101

求。同时，对于接收区的双重密度限制，也是郡规划局在充分衡量既不影响周边环境的基础设施能力，又能提高土地使用集约度的情况下提出的，最高不得超过原有密度限制的 20%。

（3）简化开发权的交易程序：虽然郡政府于 1987 年将 TDR 计划列入区划法范围，但 TDR 计划的实施程序并不需要通过再区划审批，大大提高了 TDR 的实施效率。TDR 的实施过程只需要开发商提交接收区的土地细化申请、用地规划申请、TDR 的所有权转让契约、送出区通行权限制规定等几份文件，经由规划局审批通过后，将 TDR 交易记录存档，再启动一份 TDR 消灭文件（用于保证 TDR 只能交易一次），即可完成 TDR 的交易。

2. 卡尔维特郡的 TDR 计划

卡尔维特（Calvert）郡位于马里兰州南部，切萨皮克（Chesapeake）海湾西部，占地面积 215.2 平方英里，沿切萨皮克湾与帕塔克森特（Patuxent）河东部有 101 公里的滨水岸线。是马里兰州最小的郡。滨水、农田、森林是卡尔维特郡最具特色的空间资源。但由于卡尔维特郡临近安纳波利斯（Annapolis）与华盛顿（Washington，DC），是华盛顿大都市区中的边缘城市区，1990 年代遭遇了巨大的发展压力，人口增长超过 45%，超过马里兰州平均发展水平的 10.8%，成为在此期间马里兰州发展速度最快的郡。快速发展使郡内的自然空间面临被房地产开发取代的危机，1978 年，超过 42% 的郡内用地为农田，但到 2002 年，这一数值下降为 22%，森林占地则从 1973 年的 63% 下降为 1997 年的 51%；与此同时，卡尔维特郡内的房地产价格却在飞涨。为了抑制这种过快增长对资源造成的破坏，卡尔维特郡在 1967 年实施了第一个综合规划，将郡内乡村土地的最大建设密度限制为 1 个居住单元/3 英亩；到1975 年，卡尔维特郡树立"慢速增长（slow growth）"目标，进一步将开发密度降低为 1 个居住单元/5 英亩。但仍然无法改变大量的人口增长与大面积的农地被开发为住宅的局面。迫于无奈，1978 年，卡尔维特郡效仿蒙哥马利郡实施 TDR 计划，试图保护不断流失的农田，最初并没有降低区划密度，而是依赖于 TDR 计划中的容积率奖励与转让来保护农田。

卡尔维特郡的 TDR 计划将开发权接收区划分在城镇中心（Town Center）、居住区（Residential zones，包括 R1 和 R2）、乡村社区（Rural Community Districts，RCD）三个区域中，其中的 RCD 区域既作为开发权接收区，也可以作为开发权的送出区。而郡内的其余农田区与资源保护区被设定为指定农田区（Designated Agricultural Area，DAA），后来被细分为农场区（Farm Community Districts，FCDs）与资源保护区（Resource Preservation Districts，RPDs），被作为限制性开发区（表 3-8）。任何送出区的所有权人都可以向郡政府提交开发权转让申请，所申请的土地必须符合面积要求，独立地块面积不得小于 50 英亩，与其他地块相连地块面积不得小于 10 英亩。一旦申请获得批准，所有权人的土地被划归为农业保护区（Agricultural Preservation Districts，APD）状态，所有权人可以持有 APD 土地 5 年时间，这期间可以免除财产税，同时也可以自行解除 APD，或是出售 TDR。近似地，每一份 APD 可获取一份开发权，一旦土地上的 TDR 被出售，土地即获得了保护性地役权，土地上的空间资源被永久性保护。为了促进 TDR 计划的实施，卡尔维特郡政府在 1999 年修改区划，将开发密度全面下调了 50%，但是如果实施 TDR，则可以维护原有控制密度，同时，也进一步修改了 TDR 实施中对接收区的密度红利限制，设定每 5 个开发权可以兑换一个开发单元。此举大大提升了 TDR 的交易机会。

卡尔维特郡 TDR 项目计划[173]（个居住单元/英亩）　　　　表 3-8

TDR 类型		1978~1998 年		1999~2003 年		2003 年至今	
		基本密度	转让密度	基本密度	转让密度	基本密度	转让密度
乡村区	农场区	1du/5ac	—	1du/10ac	1du/5ac	1du/20ac	1du/10ac
	资源保护区	1du/5ac	—	1du/10ac	1du/5ac	1du/20ac	1du/10ac
	乡村社区	1du/5ac	1du/2.5ac	1du/10ac	1du/2ac	1du/20ac	1du/4ac
居住区	R1 居住用地	1du/ac	4du/ac	1du/2ac	1du/ac	1du/4ac	1du/2ac
	R2 居住用地	14du/ac	14du/ac	—	—	—	—
城镇中心		1du/ac	14du/ac	1du/ac	14du/ac	—	—

为了能够在 TDR 计划实施过程中进一步调控市场，卡尔维特郡政府从 1990 年代开始通过两种方法介入 TDR 市场：一种是定期制定出 TDR 交易简报：在早期计划实施中，TDR 交易双方所能获得的所有信息来自于郡规划与区划局（County Department of Planning and Zoning），郡政府通过制定出简报，为交易双方提供价格、保护用地属性等交易细节；同时，郡政府提出了 PDR（Purchase Development Right，开发权购买）与 LAR（Leverage and Retire，促进与离开）计划，通过政府购买、免税等方式来提高开发权的交易机会，包括说明交易细节和价格及保护用地属性。郡政府也参与到 TDR 交易中，到 2005 年，卡尔维特郡通过实施 TDR 计划，使超过 11652 英亩的农地被保护起来，同时，卡尔维特郡政府在联合使用 PDR 与 LAR 等保护计划之后，使 23473 英亩的农地与森林用地被保护起来（图 3-20）。使全郡资源保护目标的一半以上得以实现，卡尔维特郡的 TDR 计划也成为美国最成功的典范之一。

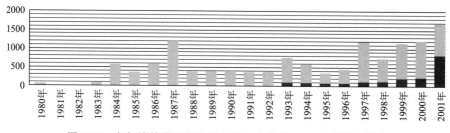

图 3-20　卡尔维特郡历年政府与私人实施的 TDR 交易数量[173]

3.4.4　区域之间的合作计划

全美各地社区都感觉到现今的开发模式——以"扩展式"开发支配的模式——对我们的城市，已建成近郊区，小城镇、农村和野外的长远利益来说不再合适。各地社区仍支持增长，但对放弃现存的城市基础设施而转向外围扩建所引发的经济成本提出质疑[138]。1994 年，美国规划师协会（APA）开展了一项名为"精明增长"的跨年度研究课题，取代 SZEA 和 SCPEA，使它演进成新一版的现代美国规划和区划法规[122]。随着 TDR 在美国城市的遍及，TDR 计划成为州与州之间、区域与区域之间的合作工具。

1. 新泽西松林地的开发信用计划

美国新泽西州的地理位置介于纽约州和宾州之间，处于美国"东北经济发展走廊"上城市发展带的中心位置，优越的地理优势赋予了新泽西州作为城市空间资源储备用地的重要功能（图 3-21）。

图 3-21　美国新泽西州区位[154]

松林地（Pineland）区段位于新泽西州东南部，面积超过 100 万平方公里，占全州面积的 22%，是美国重要的生态林地保护区，包括超过 1.2 万英亩的"短木森林（pygmy forest）"、850 种植物、超过 350 种鸟类及各种类型的生物。1970 年代，松林地临近城市亚特兰大（Atlantic）兴建赌场等娱乐业设施，准备将松林地开发成为附属的度假与休闲区。为了保护林地资源，1978 年，美国国会将松林地确定为第一个国有资源储备区（National Resource Reserve Districts），随后，联邦立法授权区域规划委员会对松林地实施保护性规划。在联邦政府的授权下，新泽西政府成立松林地委员会（Pineland Commission）——一个区域性资源管理机构，管辖权限包括 7 个郡及其他 53 个地方辖区。委员会成员由 15 人组成，包括 7 位松林地下属郡政府的成员、7 位新泽西州政府成员及 1 位联邦内务部成员。

松林地委员会 1979 年出台了《松林地保护法案》（Pineland Preservation Act），在此基础上 1980 年在《松林地综合规划》（Pineland Comprehensive Plan）中提出通过实施覆盖 60 个辖区的"开发权转让计划"（图 3-22），对松林地区的生态资源进行保护。在开发权转让计划中，松林地委员会将松林地分为九个管理区（图 3-23、表 3-9），其中保护区（Preservation Area Districts）、农业生产区（Agricultural Production Areas）、特殊农业生产区（Special Agricultural Production Areas）设置为 TDR 的"送出区（sending site）"，共计 39.71 万英亩，区域增长区（Regional Growth Areas）为 TDR 的"接收区（receiving site）"，共 7.72 万英亩，其余五个地区不得使用 TDR。

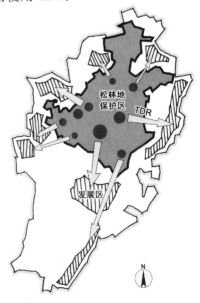

图 3-22　新泽西松林地管理边界[174]　　　　图 3-23　松林地保护区 TDR 实施示意

用地分类	土地使用及开发要求	面积（英亩）	功能区
保护区（Preservation Area Districts）	生态资源保护区/是松林地的核心保护地带	288300	送出区
森林区（Forest Areas）	低密度开发/农田/林地/娱乐区	245500	—
农业生产区（Agricultural Production Areas）	农业生产或与农业生产相关使用	68500	送出区
特殊农业生产区（Special Agricultural Production Areas）	限制在红莓（cranberry）和蓝莓（blueberry）种植区	40300	送出区
乡村开发区（Rural Development Areas）	传统开发，需要考虑环境与开发价值的平衡，低密度开发区，密度限制在 1 个居住单元/5 英亩	112500	—
区域增长区（Regional Growth Areas）	具有开发潜力，能够合理增长，并可包容临近地区的开发能力。居住密度 3 个居住单元/英亩（有下水管），允许商业及工业使用	77200	接收区
松林地镇（Pineland Towns）	增长管理区外围的传统社区，2～4 个居住单元/英亩（无排水），居住用地最小开发面积为 1 英亩，允许建设商业与工业	21500	—
军事区（Military and Federal Installation Areas）	联邦政府用地	46000	—
松林地乡村（Pineland Villages）	现有 47 个定居点，历史及文化社区，可以进行协调式开发，居住开发要求最小地块面积为 1 英亩	24200	—

　　TDR 的送出区与接收区跨越了 7 个郡及 53 个市镇，想要实现 60 个辖区内的开发权自由转让仍然困难重重，除去行政权限的限制，不同地区的开发需求与生态环境的价值都很难统一。为了真正实现在区域层面的资源保护，松林地委员会在综合规划中提出"松林地开发信用计划（Pineland Development Credit Program）"，建立开发与资源的价值交易单位——"松林地开发信用（Pineland Development Credit）"，实现 TDR 在送出区与接收区之间的合理转让（图 3-24）。

　　送出区开发信用的数量与生态资源的敏感度相关，如在保护区，高地资源区中每 39 英亩等于 1 个开发信用，湿地资源区每 39 英亩只能兑换 0.2 个开发信用，而未开发权矿区则为每 39 英亩兑换 2 个开发信用。在送出区与接收区的联系上，松林地委员会设定了 1 份开发权可兑换 1/4 个开发信用（1 个开发单元等于 1 个开发权），也就是说在送出区获得 1 个开发信用，在接收区可建设 4 个开发单元的住宅。理论上综合规划中在送出区共分派了 5625 个

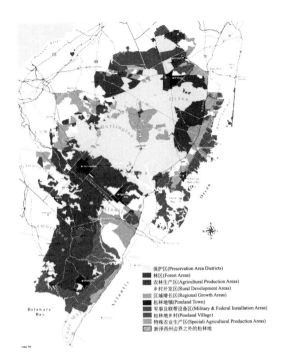

图 3-24 松林地保护区土地使用分类

PDC，将在未来接收区需要额外加建 22500 个开发单元[174]。松林地开发信用保护计划实施很多年，虽然中期经历过市场开发需求低的境况，但是松林地委员会对计划的实施内容几经改革（表 3-10），获得了巨大成功，截至 2009 年，从 PDC 计划实施至今，送出区共分派了 1726 个 PDC，而在接收区共接收了 10834 个开发单元（表 3-11），使至少 1.4 万英亩的生态资源用地与 1.8 万英亩的农田得到永久性的保护。

新泽西松林地 TDR 计划简要历程　　　　　　　　　　　　　　表 3-10

年份	历　　程
1978 年	被美国国会任命为第一个国家级资源储备区
1979 年	《松林地保护法案》(Pineland Protection Act)出台
1980 年	《松林地综合管理规划》(Pineland Comprehensive Management Plan,CMP)颁布
1980 年	设立松林地开发信用(Pineland Development Credit，PDC)
1981 年	松林地开发信用计划(Pineland Development Credit Program)
1983～1987 年	TDR 计划实施基本停滞
1987 年	松林地开发信用银行(Pineland Development Credit Bank，PDC Bank)建立
1987 年	松林地委员会雇佣不动产评估师对所有权人、政府官员、开发商进行采访与记录
1994 年	综合管理规划修正——增加增长管理灵活性,简化交易程序
1999 年	综合管理规划再次修正——允许剩余的 PDC 进入市场交易

年份	PDC 数量	开发单元数量	年份	PDC 数量	开发单元数量
1981 年	7	332	1996 年	30	194
1982 年	25	662	1997 年	65	242
1983 年	37	516	1998 年	81	185
1984 年	33	215	1999 年	16	81
1985 年	21	137	2000 年	168	1617
1986 年	13	30	2001 年	194	2340
1987 年	8	42	2002 年	33	539
1988 年	8	38	2003 年	36	121
1989 年	82	391	2004 年	48	169
1990 年	152	713	2005 年	150	528
1991 年	77	268	2006 年	59	406
1992 年	17	34	2007 年	37	93
1993 年	127	245	2008 年	24	24
1994 年	133	500	2009 年	18	54
1995 年	27	118	总计	1726	10834

2. 博尔德郡 IGA 计划

科罗拉多（Colorado）州博尔德（Boulder）郡临近丹佛（Denver）市，内有科罗拉多大学（The University of Colorado），是美国战后最有活力的地区之一，有大量的人口希望移居至此，郡内人口急剧增长，导致交通堵塞、社会问题层出不穷、生活水平直线下降。1981 年，博尔德郡政府采用了集束分区制度，名为"非城市地区计划单元开发（Non-Urban Planned Unit Development，NU-PUD）"，此过程可以使基本密度从 1 个居住单元/35 英亩增加到 2 个居住单元/35 英亩，同时如果每个地块可以将所有开发密度集中在 25％的地块中，保存 75％地块为开放空间，可以额外获得 2 个居住单元/35 英亩的开发密度。

1989 年，在 NUPUD 实施的基础上，发展出非相邻地区联合开发（Non-Contiguous Non-Urban Planned Unit Development，NCNUPUD）计划，也就是将相邻地块间的容积率转移扩展到不相邻地块上进行容积率交易。但由于一直未形成实施法案，因而到 1990 年，NCNUPUD 的实施并不成功。1994 年，郡政府重新修订，将资源用地的开发权集中起来进行整体保护。博尔德郡政府及博尔德市政府联合起来成立政府间联盟（Inter-Governmental Agreement，IGA），停止了原有的 NCNUPUD 实施内容，共同起草了《博尔德峡谷 TDR 计划》（Boulder Valley TDR Program），划定博尔德市及周边区域——博尔德峡谷区域为 IGA 计划实施范围，并通过明确的规章程序设定了容积率的送出与接收区。

在新的 IGA 计划内，送出区的基本密度要求为 1 个居住单元/35 英亩，如果参与转让容积率，可增加到 2 个居住单元/35 英亩，转让率为 2：1，如果送出区位于由郡政府设定的农业水源区，则可以增加到 3 个居住单元/35 英亩，转让率为 3∶1。希望进行容积率转让的送出区的所有权人需要事先提交一份保护性地役权契约，用于获得开发权证书（Development Rights Certificate），开发权证书用于证明可以将此开发权转移到接收区中，提高接收区的容积率上限。接收区的容积率上限由地方政府或社区自行决定。

1995 年，博尔德峡谷 TDR 计划的实施范围仅包括博尔德郡和博尔德市两个政府间的联盟，1995～1997 年，朗蒙特（Longmont）市和拉斐特（Lafayette）市加入到计划联盟中，1997 年之后，陆续有路易维尔（Louisville）、布鲁姆菲尔德（Broomfield）、伊瑞尔（Erie）、里昂（Lyons）、休皮尔（Superior）5 个城市自愿加入计划联盟，博尔德郡实施的容积率转让计划扩展到这 7 个城市中，形成不同的规划与实施计划（图 3-25），1996 年又修正了土地

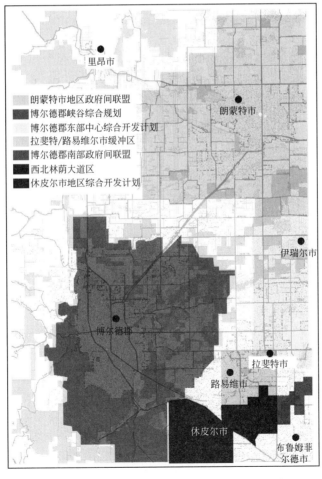

图 3-25　博尔德郡的政府间联盟及实施计划[175]

实施法令，新加入 Niwot 地区。博尔德郡在 IGA 计划的基础上实施的容积率转让计划，将郡内需要保护的生态敏感用地上的开发权转让到各个地方城镇中，用于第二次开发建设，取得了一定的成果，到 2000 年，共有 265 个开发单元在接近 470 英亩的用地上是由转让开发的，平均的开发权价格为每份 5 万美元，同时约有 3200～4700 英亩的资源用地被保护起来。

3. 太浩湖州际合作保护计划

太浩湖流域（Lake Tahoe Basin）位于美国加利福尼亚州与内达华（Nevada）州之间，除太浩湖之外，共包括 5 个郡及 1 个自治市（图 3-26）。太浩湖属于高山湖泊，海拔 1897m，湖水深约 500m，南北 35km，东西 19km，周围由山峰围绕，积雪期达 8 个月，是滑雪、休闲的绝佳胜地。每年吸引大量的游客到此地度假，也使大批开发商希望将此地开发为旅游度假之地。为了及时、有效地保护太浩湖流域的生态环境，1969 年，加利福尼亚州政府与内达华州政府联合成立了"太浩湖区域规划局（Tahoe Regional Planning Agency，TRPA）"，专门对太浩湖流域的生态环境进行管理。此机构同时得到了联邦政府的认证。到了 1980 年，随着一系列环境质量标准出台，TRPA 在太浩湖流域地区颁布了禁止建设令，得到区域内财产所有权人的一致反对，并将 TRPA 诉之法庭，认为禁止令剥夺了所有权人的私有财产。

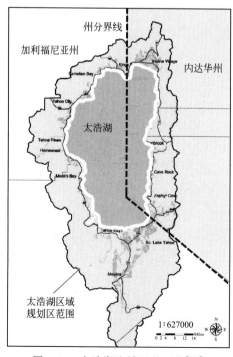

图 3-26　太浩湖流域区的区位[176]

为了兼顾所有权人的利益与太浩湖流域的生态价值，TRPA 在 1986 年修订的区域规划中加入了以容积率转让为基础的转让计划，并将此计划写入 1987 年的区划修正案中。这一转让计划充分为太浩湖地区的所有权人考虑了其空间财产的转移办法，使得之前对 TRPA 的所有诉讼均被取消。同时，这一计划也取消了禁止建设令，TRPA 从 1987 年开始使用区划法令对太浩湖地区的土地使用及开发进行控制，内容包括土地使用、开发密度限制、开发增长率、土地覆盖率、人文及自然景观的保护等。由于太浩湖流域范围内的土地开发会引起湖水质量的下降，因此 TRPA 十分重视这一地区房屋及其他建筑物的用地覆盖率。TRPA 创造了用地分类方法，根据太浩湖地区土质特征对其使用强度进行分类，如：最敏感地区被划分为 1 和 2 两个地区，其覆盖率为 1％；最大开发量地区为 7 和 8 区，其覆盖率最大为 30％。为了使这些不同地区的所有权人都可以获得等值利益，TRPA 允许"覆盖权（coverage rights）"可以从最敏感地区转让到最不敏感地区，同时规定可以跨越行政辖区进行转让，但是需要在同一个水文区（hydrologic region，太浩湖流域共包括 9 个水文区）。

太浩湖地区优越的生态条件，使太浩湖周围地区具有巨大的市场开发需求，这种需求促使 TRPA 制定出的转让计划实施得非常成功，几乎每年 TRPA 都会有至少 25～35 份覆盖权转让案例出现。1997 年，加利福尼亚州太浩湖管理局（California Tahoe Conservancy）在一份报告中指出，已经有 120 万平方英尺的开发用地被还原为自然保护性用地，同时，州立土地覆盖银行（Land Coverage Bank）将这些地区的覆盖权或开发权转移到 215 个接收区中，创造了超过 230 万美元的再开发利润。

3.5　本章小结

本章的主旨内容是通过对容积率调控技术发展历程的回顾，从多角度、全方位认知美国容积率调控技术。历史是不断发展变化的，相对于整个历史进程，历史中的任何时期都只是一个片断。但如果将一段时间内的历史片断放大，基于相似的社会背景与开发政策，技术在应用过程中会呈现出相似性。按照这种思路，本章将美国容积率调控技术的发展历程划分为四个阶段（图 3-27）：

第一阶段：1960 年代之前的容积率调控技术产生期。在 1960 年代之前，美国规划管理中主要采用的传统区划控制手段过于刚性，非常类似于工厂中标准化的流水线生产模式，导致大量雷同与僵化的空间出现，使城市逐渐失去特色。为了更好地创造出具有活力的、多样化的空间，美国各地方政府进行一系列规划管理体制改革，容积率调控技术作为一种区划改良手段被提出

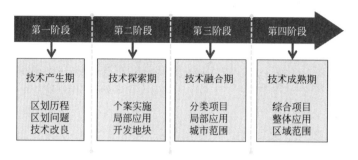

图 3-27　容积率调控技术的四个阶段

并应用到实践当中。

第二阶段：1960～1970年代的容积率调控技术探索期。从1950年代末开始，美国进入大规模的城市更新阶段，城市建设重点逐渐转向"存量"地区。但是由于在经历过快速工业化之后，美国各个城市中早已高楼林立。如何对这些"存量"地区进行更新，创造出更多的活动空间，便成为这一时期地区内的主要建设任务。因此，政府在这一时期内使用容积率调控技术的主要目的在于"获得更多的开放空间"，具体应用的技术方式表现为：在城市地区，通过奖励容积率来增加广场、拱廊及其他公共设施；在乡村地区，通过转移容积率融合居住建筑开发，增加开放空间。

第三阶段：1970～1980年代的容积率调控技术融合期。进入1970年代以后受到经济危机、能源危机的影响，美国联邦政府的公共设施补助金大幅度削减，也迫使地区政府不得不寻求新的建设资金来源，通过设置一系列的优惠政策吸引私有资本，容积率红利、容积率转移、容积率转让都被作为吸引私有资本建设空间的手段之一。同时，这一时期内的建设重点从物质环境更新转向社会与文化的重塑，空间的美学与文化价值受到重视。因此，容积率调控技术被应用到历史文化与环境保护当中。

第四阶段：1980年代至今的容积率调控技术成熟期。从1980年代开始，美国城市管理中"新式联邦主义（New Federalism）"兴起，联邦政府将管理权利与责任回归于州和地方政府，鼓励州与地方政府去承担更多的政府职能，但由于地方政府的资金有限，加上私人开发团体的财产越来越雄厚，城市建设几乎完全由私人团体来承担。私人团体的自由消费属性使空间结构的分散性进一步加强，表现在空间上不断增强的蔓延趋势。因而美国政府开始逐渐加强对土地利用的干预，逐渐形成增长管理（growth management）、区域主义（regionalism）、精明增长（smart growth）等规划理念。在这些新型规划理念的引导下，容积率调控技术转变为促进空间可持续开发的政策工具。

第4章 美国容积率调控技术的发展特征

历史发展遵循着历史运动的一般性规律，即事物的变化总是表现为一个由低级到高级的发展过程。在这个不断发展与变化的过程中，变化推动了发展，发展需要变化。在特定历史时期内呈现出一定的阶段性特征，而特征内容的更替正是事物进化的标志。艾吕尔（Ellul）曾概述过现代技术的六大特点：一是技术选择的自动性，技术选择不是由人所作出的，而是由技术本身作出的；二是自我增长，技术发展是自动进行的，每一个问题在被技术解决的同时，总会出现一些新的问题，新问题在被技术解决的同时，又会出现一些新的问题，这些问题又进一步要求技术加以解决，如此往复；三是一元论，无论什么地方和什么领域，技术现象都呈现相同的特征；四是技术耦合的必然性；五是普遍主义，技术无所不在；六是自在性，技术根本不顾及人们在伦理、经济、政治与社会方面的考虑，所有事物都要适用自主的技术要求[177]。作为一种社会技术，容积率调控技术的发展也同样遵循着历史的一般性规律，从最初的个案开发项目的利益调节手段，到最后整个空间资源中的利益调控政策，并在不同历史时期表现出不同的阶段性特征。本章从容积率调控技术的空间范围、调控技术本身、控制框架、管理框架四个层面来讨论容积率调控技术的发展特征。

4.1 空间表象特征——空间范围层级化

"空间"是一个多义而抽象的概念，其除了具有本身的物质属性之外，还具有社会、文化、经济等其他属性。容积率调控技术实施的主要目的不仅是为了创造出物质空间，还要完善空间的其他属性。从上述容积率调控技术的发展历程中分析，随着容积率调控技术在实施过程中空间范围不断扩大，容积率调控技术所需要解决的问题也更为复杂。

4.1.1 空间范围递增式扩大

1. 容积率调控的范围演化

容积率的调控范围是指对某些开发地区的上空未使用容积进行二次操作的地区，包括容积率的调整，如容积率的增加或减少，或利益的调整，如将未使用容积转化为额外利益或公共设施。随着实践的深入，容积率调控技术在实施过程中其空间范围的演化可概括为四个阶段：一个地块内或相邻地块之间、指定街区或特殊地区之内、城乡之间、区域之间（表4-1）。

美国容积率调控区的空间演化 表 4-1

阶段	空间范围	产权关系	影响范围	代表事件
一	一块地内或相邻地块间	1 个业主	局部地段	洛杉矶市旧城中心区复兴计划；南街港博物馆保护计划
二	指定地区	1 个或多个业主	行政辖区	林肯广场保护计划；第五大道设计
三	城乡之间	地方政府与多个业主	辖区内资源	蒙哥马利郡开放农田保护计划；新泽西松林地保护计划
四	区域之间	多个地方政府	区域资源	加利福尼亚州及内华达州太浩湖地区规划，包括 6 个郡的联合计划；加利福尼亚州的博尔德郡建立跨越七个辖区的 TDR 计划

第一阶段：一个地块内或相邻地块之间：容积率调控技术的产生初期，容积率的调整范围相当有限，或是在一个地块之内，或是在两个相邻地块之间。容积率调控技术实施之后的影响范围也仅限于相邻几个地块之间。在单一地块内实施容积率调控技术多为利用容积率换取地块内更多的开放空间，如纽约市 1961 年规定："曼哈顿下城区，如果开发商每提供 1 平方英尺的公共广场，则可以多建设 2 平方英尺的建筑面积[95]。"在相邻地块内是为了调整局部空间强度而保持所有权人的财产总量不变。由于实施范围有限，技术实施过程中很少涉及两个或两个以上的所有权人。

第二阶段：指定地区或特色空间区：是指地方政府为了实现某种规划目标而专门划定的地区，如城市的历史街区，为了复兴历史风貌或建筑风格；城市中心商业区，为了进一步提高开发强度或增加公共设施；城市更新区，为了恢复街区活力、吸引更多人口等。城市中的指定地区可以是一个街区，也可以是几个街区的组合，由于地区范围由地方政府指定，并设有相关的开发管理规定，因此其容积率调控技术在指定地区实施的影响范围是基于整个城市层面的，通过容积率调控，可以促进城市内不同空间特色区的形成与发展。

第三阶段：城市与乡村之间：1960 年代以前，美国城市的建设主要集中在所有城市的中心区，到 1960～1970 年代，城市建设的重点逐渐转向城市郊区，进入 1980 年代以后，城市建设的重点转向半乡村与乡村地区（表4-2）。因而，从 1970 年代末开始，美国各地方政府将容积率调控的空间范围扩大到城市与乡村之间，以此调整城市地区与乡村地区的空间发展需求。在城市地区，土地及空间的建设边界不断蔓延；在乡村地区，农地及其他资源常常面临着被城市扩张侵占的危险。通过容积率在两地的流通调节，有利于维护与加强两地区各自的空间特色，所以容积率调控发生在城市与乡村之间，其影响范围是宏观的。

城市核心区的建设重点[178]   表 4-2

年代	特征		
	城市或城镇化	郊区	半乡村
1960 年之前	所有城市中心区	—	—
1960 年代	费城的 Bala Cynwyd	亚特兰大的 Northlake	—
1970 年代	亚特兰大的 Buckhead	华盛顿的 Tysons Corner	—
1980 年代	—	芝加哥（Chicage）的 Schaumburg	华盛顿的 Fairlakes
1990 年代	—	—	芝加哥的 Hoffmann 开发区

第四阶段：区域与区域之间：大范围的生态敏感区，如海岸沿线、森林区、沼泽地、水源保护地等都不会囿于行政辖区的限制，很可能会跨越一个或几个行政辖区。为了能够更好地对空间资源进行整体保护，1980 年代以后美国各州及很多地方政府开始尝试建立联盟，将容积率调控的空间范围扩大到区域层面，通过拟定城市与城市、郡与郡、州与州之间的合作计划，实施宏观层面的空间资源保护（图 4-1），如新泽西松林地的开发信用计划中包括

图 4-1　美国不同等级行政辖区内的容积率转让计划[179]

60个行政辖区，太浩湖的资源保护计划是加利福尼亚州与内华达州的联合保护计划，涵盖两州内的 5 个郡及 1 个自治市。

2. 容积率调控的空间模式

从以上容积率调控范围的发展历程中分析，容积率调控技术的空间范围分别经历了局部地块、街区空间、城乡空间、区域空间四个发展阶段，其空间演化范围可概括为：微观空间、中观空间、宏观空间三个空间层次。依次对应于三种空间调控模式：局部空间模式、城市空间模式及区域空间模式（图 4-2）。

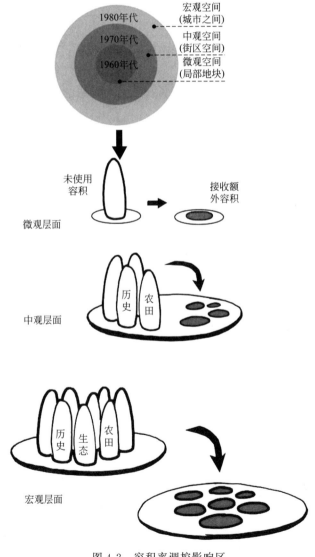

图 4-2　容积率调控影响区

局部地段的空间模式是指容积率调控的实施范围被控制在面积很小的空间之内，送出区与接收区以所有权人的开发地块为基本空间单位。由于空间范围十分有限，因而容积率调控技术的实施仅对地块内的建筑体量产生影响，例如，建筑局部增高、局部扩充广场、增设屋顶平台、加建塔楼等，对城市整体空间形态的影响较小。局部空间模式具体又可细分为一个开发地块、相邻开发地块、一个街区三种模式（表4-3）。城市范围的空间模式是指将容积率调控的空间范围限定在自治市、村镇等一个完整的行政辖区之内，未使用容积可以在城市的指定街区中流通。整个空间的影响范围是基于城市总体层面的，通过容积率调控，形成城市中具有不同形态的街区空间，强化原有城市空间特色，创造更具活力的城市空间单元。城市空间模式可分为点对面的空间模式与面对面的空间模式。点对面的空间模式是指送出区不固定，由城市中具有相同性质的建筑组成一个个分散的容积率送出点，接收区划定在一定范围之内，将分散点的未使用容积率聚集起来。面对面的空间模式是指送出区与接收区均由政府划定在城市一定范围之内，容积率限于在两区之间流通（表4-4）。区域范围的空间模式是指容积率调控的空间范围扩大到不同行政辖区之间的模式，通常情况下送出区为一整片生态空间资源区，而接收区可以分散在两个或两个以上的行政辖区之内（表4-5），主要目的在于通过不同行政辖区之间的合作，共同保护空间资源。区域空间模式的影响范围是基于宏观层面的，实现容积率在不同行政辖区之间的流通程序相当复杂，需要通过拟定宏观实施计划将几个行政辖区范围的容积率市场价格统一起来，通过兑换率或兑换公式等手段转化为相同市场条件才能进行容积率调控。

容积率调控的局部空间模式 表 4-3

范围	单一地块	相邻地块	街区空间
空间模式		A → B	
特征	地块内部分空间强度增大，部分空间强度减少	相接地块容积率调整，两地块的容积率总量不变	以街区为限，其中地块上的容积率可以任意调整，街区开发总量不变
代表案例	1957年芝加哥区划条例中规定建筑底层架空，提供拱廊可在顶部增加1/3的建筑面积	1961年，纽约规定地块转移的三个条件：相邻、相隔一条街道、相对一个交叉口。1975年，洛杉矶"容积率平均值计划"规定调控地块相接或相邻	1982年，丹佛市将跨93个街区的中央商务区（区划代号B-5区）与跨15个街区的南部中心区（区划代号B-7区）设为调控区

范围	分散性点空间与街区空间	街区空间与街区空间
空间模式		
特征	容积率送出区不固定,分散在城市各个区,接收区固定	容积率送出区与接收区均划定在一定范围之内,容积率流通限定在两区之内
代表城市	洛杉矶市的历史保护计划	西雅图将容积率调控技术的实施限制在城市中心区的七个分区中

范围	两个行政辖区之间	多个行政辖区之间
空间模式		
特征	两个行政辖区共同保护生态资源	送出区为跨区域的整个生态资源区,接收区分散在不同的行政辖区内
代表城市	加利福尼亚州与内华达州共同保护太浩湖	新泽西州松林地保护:60 个行政辖区/华盛顿州 King 郡农田保护计划/加州博尔德郡农田保护:跨越 7 个城市

4.1.2 调控空间类型多样化

  市场经济条件下,容积率指标适用于所有的可供市场开发的空间,随着容积率调控范围的不断扩大,容积率调控的空间的类型也呈现出多样化特征,居住空间、商业空间、公园、办公空间、农地空间、森林空间等都有所涉及。美国学者威廉·富尔顿(William Fulton)、简·马祖雷克(Jan Mazurek)及里克(Rick)将容积率调控技术实施的空间类型划分为特殊环境、普通环境、农田、环境及农田、乡村品质、历史保护、基础设施、城市设计,共 8 种空间类型(图 4-3),本文在此基础上按照容积率调控技术实施过程中对容积率的需求程度重新划分,概括出三种空间类型:创新型空间、保护型空间、更新型空间。

118

图 4-3　美国实施容积率转让计划的空间类型[179]

1. 创新型空间

创新型空间是指政府利用容积率的经济属性，将容积率作为一种可以升值的变相开发资本交给开发商，用以换取必要的公共空间。新创造出的公共空间最初只有高密度商业中心区的广场、拱廊等室外活动空间，后来拓展到设施与建设领域。目前，使用美国容积率调控技术所创造出的空间类型可细分成：①活动空间：如广场（plaza）、拱廊（arcade）、公共中庭（public atrium）、购物通道（shopping coridor）等；②交通空间：地铁通路（subway access）、停车场（parking）、街道退后（green street setback）、山坡便道（hillside terrace）等；③品质空间：如屋顶花园（roof garden）、带有雕刻的建筑屋顶等（sculpture roof）等；④公共福利性建筑：如剧院（theater）、幼儿园（day care）、博物馆（museum）等；⑤居住建筑：中低收入住宅（low&middle income houses）、老年公寓（affordable senior housing）等。

2. 保护型空间

保护型空间主要特指一些受到市场开发威胁的自然空间资源地区。从1970 年代开始，美国联邦政府启动了大量的旨在保护环境与资源的规定和法律，1980 年代以后，环境保护问题更得到美国公众的大力支持，这些发展背景使容积率调控的空间类型拓展到那些城市内外受到开发威胁的人工与自然的空间资源区。一般情况下，各地方政府将管辖区内需要保护的农田、森林、湿地、径流地、水源地等资源区划定为容积率的送出区，进行限制性开发。如博尔德郡的综合规划中规定了四种类型的资源用地作为容积率限制区：农田保护区、适合作为开放空间的地区、北线用地（Northern Tier）、在博尔德山脉公园（Boulder Mountain Park）与阿拉帕霍—罗斯福国家森林公园（the Arapaho-Roosevelt National Forest）之间的私有土地[175]。

美国各地方政府在保护空间资源方面取得了相当大的成就，马里兰州的卡尔维特郡最初设定容积率调控制度时实施的是"逐案协商法"，即政府与开发商、所有权人进行协商，共同讨论适当的实施地区，郡政府很快发现这种方式的消极作用，随即调整了综合规划内容，将容积率调控的接收区扩大到三个发展区域，成功保护了约 1.2 万英亩的农田[173]。而蒙哥马利郡则从 1987 年到 1997 年的十年间将容积率调控的接收区从最初的 9 个扩大到 14 个，使4.1 万英亩的资源被永久保护。截至 2007 年，美国 33 个州通过实施容积率调控制度使至少 30 万英亩的资源用地被永久保护起来[180]。

3. 更新型空间

更新型空间是指同时利用容积率的空间设计弹性与经济利益属性，在维护原有空间属性的基础上，对地区的空间特色进行重塑，使其空间活力更新，主要包括城市中心商业区、历史街区、旧工业区、旧居住区等。在这些地区通过开发强度的二次调整，限制区减少开发量，鼓励区增加开发量，将城市中零碎的公共空间、不完整的历史空间、开发不完善的商业与办公空间进一步整合，复兴城市传统品质。

华盛顿地区在 1991 年修改了城市中心区的区划覆盖面积，对容积率的限制与奖励设置明确的要求，主要目的在于创造一个"活力中心区（Living Downtown）"，使城市空间类型具有以下七方面特征：①零售、酒店、居住、艺术、娱乐、办公的空间性质并存；②保护中心区的历史建筑；③改建中国城（Chinatown）；④保留与扩展住宅建设；⑤增加表演与视觉艺术廊道；⑥中心区内各个购买区相联系；⑦增加中心区的旅游活动[163]。

2003 年，美国在各州实施的容积率转让计划超过 134 个，内容涉及资源保护、更新开发等多个方面。但美国各州及地方政府在使用容积率调控技术时对以上空间类型的塑造并不是均一化与全覆盖化的，而是非均衡化发展，根据各个地区的空间建设目标进行有侧重的选择（见图 4-3），各州及地区根据自身条件选择空间类型实施，如宾夕法尼亚州、马里兰州、华盛顿州侧重于保护城市边缘区的农田、加利福尼亚州、佛罗里达州注重保护生态环境资源，而得克萨斯州、乔治亚州等则将保护计划的重点放在历史资源保护当中。

4.1.3 空间形态发展簇群化

空间形态的发展本身是一个不断动态变化的过程，在不同的时期会因外力作用不同而表现出不同的特征。容积率调控的实质是将城市中已经设定但尚未开发的容积进行重新配置的过程，这个重新配置过程应用在不同的空间层次会对空间形态的发展产生不同的作用，同时会产生不同的社会效益。前文已经论述到：从容积率调控技术的发展历程中可以发现，容积率调控的空间特征不仅表现出在应用范围上从微观空间到宏观空间扩展，同时调控空间的类型也在不断多元化，这些发展特征使得实施容积率调控制度后的空间形态表现出从分散化到集中化，再到簇群化的演化趋势（图 4-4）。

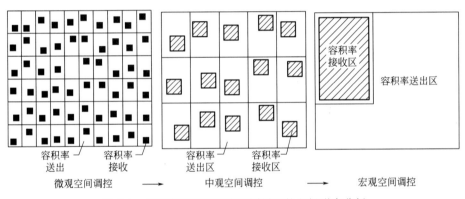

图 4-4　容积率调控落实在不同层面的空间形态分析

1. 微观空间的分散式集中

当容积率调控技术的应用被限定在微观空间层面时，调控之后的空间所表现出来的形态特征仍遵循原有土地区划之后的基本格局，只是应用容积率调控的个别地块内，或几个地块之间，才会形成局部开发强度的集中与开放空间的集中，因而总体上空间形态特点可概括为"大分散下的小集中"。容积率调控技术应用于微观空间时，通常被视为一种所有权人的利益补偿手段，解决区划修正之后对私有土地所有权人的利益不均问题，因而只对局部空间形态产生影响。

但这种调控之后的微观空间形态并不稳定，因为局部空间的利益调整很可能会引起一系列的外部效应，对周边地区产生不同程度的影响，如地价升高、交通压力加大、人口增加等，这些影响或是正面的，或是负面的，很可能会进一步引起整体空间的利益失衡。因而美国很多城市对容积率调控的范围最初限定在微观空间，经过几年的实践之后都进行了拓展。

纽约市 1960 年代初要求容积率调控应用于单一地块上。1968 年，为了尽量减少对周边地区产生的外部效应，维护所有权人的利益，纽约市在区划修正案中规定，地块中未使用的容积（unbuilt floor area）可以从指定历史地标建筑上空转移到：相邻地块（contiguous）、斜对面地块（across a street）、十字交叉口相对的地块（intersection from a landmark lot），纽约规划委员会在制定政策时明确指出："这项技术应用的主要目的在于补偿历史地标所有权人潜在开发权益的损失，将这些可转移的容积之间的距离不断增加能够适当提升接收区的数量，使潜在购买需求增加，也有利于可转移容积价值的不断增加。[72]"到 1980 年代以后，纽约市又进一步将调控范围放宽至全市范围内的各个特定街区中，形成一系列以历史保护为主线的调控性计划。

佛罗里达州的科里尔郡在 1970 年代制定容积率调控法案时规定，要求调控范围仅限于被划归为特殊对待（Special Treatment，ST）用地的周边地区，调控法令出台多年无人申请，因而曾被称为"土地使用控制中静悄悄的革命"。1979 年调控性法令的修正案出台，允许容积率转让在与 ST 不相邻地区间发生，但成效仍不理想。到 1999 年，科里尔郡的规划管理者（Planning Manager）罗纳德·尼诺（Ronald Nino）出台相关报告，对容积率调控制度进行更新，容积率调控范围扩大到整个郡域范围，即"允许送出区与接收区在未来土地使用图中的任何地方"，只要向郡规划委员会提交的申请通过，即可实施转让。

2. 中观空间的集中后整合

当容积率调控技术从微观空间拓展到中观空间之后，其空间范围已经不局限在土地区划之后的标准地块内，而是以城市街区为基本单位的特殊地区，这些地区可以根据某些城市设计目标而遵照特定的开发条例。这些实施容积率调控之后的空间形态表现出"将零碎空间整合"特征。零碎的空间是指在原有区划地块中单一的建筑形态，缺乏相互联系的环境景观，更无需要复兴的历史风貌等；而整合则是指将这些零碎的空间元素按类别重新调整。这一变化过程常出现在城市历史街区或是城市中心商业区中。在这些地区，原有的开发准则多依照区划法的要求，建筑被限定在标准化的地块中，特定地区所希望强调的空间特色也被分散在这些地块中，容积率调控技术的实施在这一时期已经不仅仅是一种利益调节工具，而是将这些零碎的空间特色重新组合起来，通过未使用容积的奖励、转移，实现空间形态的重新集中与分配。

美国各地方政府根据自身特色，对特定地区的空间整合内容不同，例如，西雅图市在城市中心区将容积率调控区的空间范围划定在七个分区中实施，其中港口前1区、港口前2区、派克市场混合区，需要整合历史特色，限制开发强度，但可以进行内填式的改造；办公核心1区、办公核心2区、混合商业区、零售核心区，可以接收来自任何地区的额外容积率，增加本地区的整体开发密度，提升商业与办公的空间特色。如费城1988年由城市规划委员会拟定的城市中心区开发计划中提出在城市中心区中修改容积率红利的设置要求，以整合城市中心区的公共空间，如关注建筑物立面、广告招牌、户外咖啡座及装饰。费城市政府希望通过这些措施，使城市中心区重新恢复活力[181]。

　　3. 宏观空间的整合后优化

　　中观层面的空间资源往往受到行政管辖区的限制，被划分为归属于不同地方政府管制的私有财产。容积率调控应用到宏观的区域层面之后，空间形态所表现出的"整合后不断优化"的趋势，将这些在管理上被人为分割的资源统筹起来，以容积率调控的方式将资源上空预期的开发潜力集体转移，并在宏观层面将这些开发潜力分配到更需要的地区，重塑空间秩序。这样的形态优化可以分为三个层次：首先，由各行政辖区的政府联合，将整体资源用地上空的开发潜力进行汇总，是一个分析现状，提取调控总量的过程；其次，各地方政府根据地区发展目标，设置出不同的开发强度区，并选择适当的可以接收额外开发强度的地区，是一个整合空间开发潜力的过程；再次，规定送出区与接收区的红利条件与转让条件，设置交易市场，促使送出区与接收区的所有权人参与分派容积率的过程，是一个容积再分配的过程。通过以上三个过程的运作，达到空间形态优化的目的。容积率调控应用在这个空间层面时，已经从市场开发的短期获利工具转化为一种政府用于权衡环境容量、社会公平、经济效益之间关系的政策手段，主要目的在于彻底改变传统土地区划之后造成的空间分散与蔓延，部分恢复城市未开发时的空间品质（图4-5）。

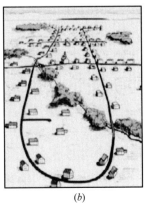

(a)　　　　　　　　(b)　　　　　　　　(c)

图4-5　使用容积率调控之后的空间形态的优化分析

（a）空间未开发时的原本特征；（b）区划细分之后的空间；（c）容积率调控后的空间优化

4.2 技术发展特征——调控技术复杂化

容积率调控的技术特征主要表现为：自身的综合性与复杂性、相互之间的融合性、不同空间范围的分工性。随着时间的推移，四种技术的发展出现了双向度特征，一种是横向的融合式发展特征，另一种是纵向的自身更新。因而，调控技术在这两种向度下，总体上呈现出复杂化趋势（图4-6）。

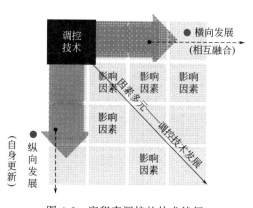

图 4-6　容积率调控的技术特征

4.2.1 技术发展的融通趋势

1. 容积率调控技术分工

容积率红利、容积率转移、容积率转让、容积率储存四种调控技术具有不同的特点：容积率红利是一种利益诱导手段，容积率转移是一种设计引导手段，容积率转让是一种利益平衡手段，容积率储存则可视为一种资源统筹手段（表4-6）。技术具有的特征偏向性造成单一技术在应用过程中具有不可避免的缺陷，如容积率红利虽然可以诱导开发商进行公共设施建设，但其政府对奖励或补偿的容积率数值额度却很难衡量，对开发商建设公共设施所产生的社会效益也难以评估；容积率转移可以创造更多的开放空间，但私有产权地块内的开放空间对公众能产生多少正面影响却常受到公众质疑；容积率转让可以平衡所有权人之间的利益，却受到市场需求的影响，在开发市场需求低迷的地区，难以发挥作用；容积率储存可以在一定程度上稳定开发市场，却可能因为增加程序要求而降低效率，增加行政成本。以上这些可能出现的问题在容积率调控过程中很可能会对城市的空间形态产生不良影响。美国各地方政府在实践过程中已经认识到每种技术单独的缺陷，于是随着制度的改进，容积率调控技术的发展必然出现相互融合的趋势。

124

四种容积率调控技术的特点及缺陷　　　　　　　　表 4-6

调控技术	技术特征	技术缺陷	技术分工	可能的空间影响
容积率红利	利益诱导	额度难以评估	利益诱导目标	一对一空间/地块
容积率转移	设计引导	地块空间局限	业主利益保证	局部空间/地块
容积率转让	利益平衡	市场需求难以掌握	市场利益平衡	空间集中开发与保护
容积率储存	资源统筹	先期投入大量资金	稳定市场环境	区域资源统筹

2. 容积率调控技术融合

从容积率调控技术的发展历程上分析，调控手段的相互融合可大致形成三个发展阶段：1960 年代的单一技术应用阶段、1970 年代的单一技术应用扩大化阶段、1980 年代以后的计划及政策实施阶段。从 1960 年代开始，容积率调控的理念刚刚兴起，政府及规划人员对容积率调控技术应用处于探索时期，技术所能产生的空间影响与社会效益不清晰，因而这一时期的容积率调控结果可以用"喜忧参半"来形容，既创造了大量的开放空间，也产生了一定的负面影响。纽约的奖励区划最具代表性，创造出大量无人使用的公共空间，其影响范围也最大，纽约形式成为翻版，以至于后来旧金山市的奖励区划条例由于奖励额度过大，曾被公众戏称为具有"曼哈顿主义（Manhattanization）"风格，最终于 1984 年被废除[182]。进入 1970 年代以后，部分城市及地区在制定容积率调控制度时，已经开始同时运用几种调控技术，最具代表性的是白金汉姆镇制定的调控措施，同时使用了容积率转让、红利、转移三种手段。为了提高保护区的容积率转让机会，镇政府进行了区划条例的修改，下调原有的区划限制，将容积率转让作为一种奖励措施，即如果所有权人实施容积率转让，可按原来区划规定的容积率限制执行，同时将容积率转移作为惩罚措施，即如果所有权人不参与转让，则需要在原地段内将开发强度集中在 10%～20% 的面积内，以此来增加所有权人对容积率转让的需求。1980 年代以后，容积率调控计划兴起，美国各城市在借鉴之前技术实施经验的基础上，注重各种技术的优势互补，使容积率调控计划的制定与实施趋向完整化与成熟化。1980 年代至今，美国许多城市发展出十分成功的容积率调控计划（表 4-7），例如，在美国马里兰州的查尔斯（Charles）郡制定的容积率调控计划中，在区划法的用地分区基础上，对不同性质的用地，分别设置了不同类型的容积率调控技术（表 4-8）。

四种容积率调控技术在发展中的融合趋势　　　　　　表 4-7

阶段	容积率调控技术	代表性政策	空间表象	城市/案例
1960 年代	红利	奖励区划	单一地块	旧金山
	转移	集束分区	单一地块	纽约
	转移	联合开发	两个地块以上	乔治王子郡
	转让	开发权转让	两个地块	纽约中央火车站

阶段	容积率调控技术	代表性政策	空间表象	城市/案例
1970年代	红利	特别分区	街区	纽约剧院区
	转让	开发权转让	街区	南街港保护
	红利/转让/转移	综合保护计划	两个街区	白金汉姆镇
1980年代至今	红利/转让/储存	开发权转让计划	特别分区	纽约
	红利/转让	奖励计划	城市之内	西雅图
	转移/红利/转让/储存	转让计划	城乡之间	蒙哥马利
	转移/红利/转让/储存	转让政策	城市之间	新泽西松林地
	转移/红利/转让/储存	转让政策	区域之间	加利福尼亚州、内华达州

查尔斯郡区划中实施的容积率调控技术[173]　　　　　表 4-8

基本区划		基本密度	红利	转让	红利/转让
农田保护(Agricultural Conservation,AC)	传统	0.33	0.40	—	—
	集束	0.20	0.27	—	—
乡村保护(Rural Conservation,RC)	传统	0.33	0.40	—	—
	集束	0.33	0.40	—	—
乡村保护滞后(Rural Conservation Deferred)		0.10	—	—	—
乡村居住(Rural Residential,RR)	传统	1.00	1.22	—	—
	集束	1.00	1.22	—	—
村镇居住(Village Residential,RV)	传统	1.80	2.20	—	—
	集束	1.80	2.20	—	—
	中心区	3.00	3.40	—	—
低密度郊区居住(Low Density Suburban Residential,RL)	传统	1.00	1.22	—	—
	集束	1.00	1.22	3.00	3.22
	TOD区域	1.75	1.97	3.50	3.72
中密度郊区居住(Medium Density Suburban Residential,RM)	传统	3.00	3.66	—	—
	集束	3.0	3.66	4.00	4.66
	PRD区域	3.00	3.66	6.00	6.66
	MX,PMH区域	3.00	3.66	10.00	10.66
高密度居住(High Density Residential,RH)	传统	5.00	6.10	—	—
	集束	5.00	6.10	6.00	7.10
	PRD区域	5.00	6.10	12.00	13.10
	MX,PMH区域	5.00	6.10	19.00	20.10
	PMH区域	5.00	6.10	10.00	11.10
	TOD区域	15.00	16.10	27.50	28.60

4.2.2 技术发展的自身更新

1. 容积率红利技术从比率到绩效

容积率红利技术在纽约市的奖励区划法中提出，是为了在高楼林立的城市密集区中获得更多的开放空间，使街道上拥有更多的采光与通风，因此容积率红利在刚刚使用的几年中主要应用于城市的高密度开发区，如商业区、办公区、住宅区等，由额外容积率换取的主要设施只限于一些高楼前的广场、高楼间的拱廊和高楼内的中庭等。政府对容积率奖励额度的限定也仅以一个粗略的数值代表，如纽约、芝加哥都规定为原有额度的20%。本着开发商的逐利心态，通过这种方式创造出很多并不需要的空间，并在一定程度上造成街道立面的破坏或沦为无用的失落空间。

1966年，旧金山市将容积率红利技术的内容扩大到十种，第一次将容积率红利技术与政府的公共设施建设结合起来，开发商可以按照开发意愿自由选择。随后，波特兰（Portland）、达拉斯（Dallas）、西雅图（Seattle）、旧金山（San Francisco）、奥克兰（Oakland）、萨拉托加（Saratoga）等城市也都纷纷建立起相关的容积率红利规定，容积率红利技术拓展到旧住区改造、公共设施建设、商业中心开发等与城市公共设施及公共空间建设相关的所有层面，如波特兰中心城区的奖励计划提供了18种可获得容积率红利的方法，范围从可担负住宅及中等收入住宅（affordable，middle-income），家庭住宅（family housing），到一些特别设施的提供，如生态屋顶（eco-roofs）、幼儿园（child care）和公共艺术（public art）等。由于开发商的实际开发能力不同，各地区开发或服务的成本费用也不同，各个地区的奖励比率在实际开发过程中是地方政府与开发商协商的结果，15%～20%的比例随着奖励内容的增多难以使政府在城市公共空间建设目标中清晰表达。因此，进入1980年代以后，美国很多地方政府在设置容积率红利规则时都将容积率奖励的内容绩效化，将公共设施的建设成本与开发商的产出进行对比分析，按每平方英尺奖励区域的固定费用（a fixed fee per square foot of bonuses area）计算，政府将不同的设计要求与公共设施建设折合成奖励点数，开发商可以根据建设内容所累积的点数获得不同程度的容积率或密度奖励，最具代表性的为西雅图市与纽约市。西雅图市将容积率红利技术应用在城市中心区范围内，而纽约市主要应用在住宅建设中，将住宅品质与奖励点数结合（表4-9），根据开发商对建筑特色塑造的贡献，给予不同程度的奖励。

2. 容积率转移技术从地块到组团

容积率转移最初发生在一个地块之内，通过规定开发地块内的开发比例可以在持续人口密度不变的情况下，创造或保留更多的开放空间，因此通常受到规划师的欢迎。同时，单一地块内的容积率转移也有以下优点：可以将

对邻里影响	最高点数		娱乐空间	最高点数
	合并式	非合并式		
临街墙的退缩 *	4.55	—**	形式及大小 *	8.5
开放空间的日照 *	3.60	4.70	冬天的日照	8.00
临街墙的长度 *	3.60	7.55	景观处理	2.75
建筑上的阴影 *	3.05	5.40	有盖停车场	2.65
临街墙的高度 *	3.05	n.a	停车场的视界 **	2.65
路边树 *	2.85	4.15	树木 *	2.45
建筑的高度 *	2.15	—	座椅	1.00
地面层的视界比例 *	2.15	3.20	—	
总点数	25	25	总点数	25
安全性	最高点数		公寓	最高点数
从公共空间看电梯间及一般楼梯的视界	3.90		公寓大小 *	3.75
从门厅看户外空间的视界 *	3.90		公寓的日照	3.20
大型公寓的可巡逻性	3.30		窗子的大小 *	3.20
一个门户服务的户数	2.90		视觉私密性——公寓与公寓 *	3.20
从入口看停车场的视野 *	2.25		视觉私密性——街道与公寓	1.75
从门厅看停车场的视野 *	2.20		阳台	1.70
从电梯间到各户的距离 *	1.85		门厅的日照	1.50
道路的分离度 *	1.80		停车空间至停车入口的距离 *	1.50
从电梯间及楼梯间看各户入口的视野 *	1.80		厨房的日照	1.50
信箱的视野	1.10		手推车及自行车停放处	1.30
			垃圾存放处 *	1.20
			垃圾处理设备	1.20
总点数	25		总点数	25

注：* 需满足最低标准。** —，表示不适用。

住宅集中建设，减少道路所占面积及工程管线总量[124]；具有公平性，可以因保证整体开发密度而保护土地所有权人的经济利益；可以永久性地保护开发地块中的空间资源；易于申请，政府对集束分区的申请给予一定优惠；易于管理，由于容积率转移发生在单一地块内，不必涉及复杂的产权转让与契约等问题。但是单一地块内的转移技术仍存在很大的不足，如：用途的混合性可能会相互干扰。单一的住宅开发用地中既包括住宅也包括农田，农田等资源用地在维护过程中，农药喷洒的气味及交通噪声等很可能会与临近的居住使用产生冲突，而资源用地需要被永久保存，其结果很可能会引起住宅土地的贬值。加之地块内的转移并不意味着公众可以享有这些开放空间，这样就无法从根本上解决由于用地细分而带来的城市蔓延问题。

针对以上在地块内转移出现的问题，美国地方政府逐渐将容积率转移范围扩大到一个或几个联合开发的居住组团范围，一方面可以促使住宅形态更为紧凑，另一方面也可以集中保护一些农田等资源用地，创造出更多的开放空间（图 4-7）。扩大到居住组团或几个联合开发居住组团，其容积率转移计划的实施主要由开发商主导，而政府主要负责开发前后的方案审批与审查工作。一般情况下，这种转移方式按开发商的开发节奏进行，是一种"现时现付（pay-as-you go）"[149]的开发方式，开发商按照自身的回报率、开发资金、人员购买力等因素决定基本的开发时序及公共设施建设内容，拟定出整体的开发计划，通过政府相关部门审批后，可按照以下三个步骤实施开发（图 4-8）：

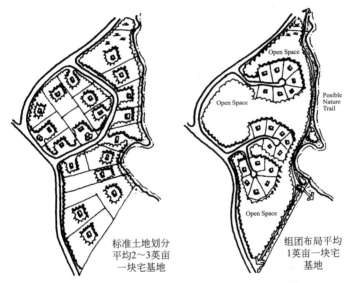

标准土地划分
平均2~3英亩
一块宅基地

组团布局平均
1英亩一块宅
基地

图 4-7　地块内转移扩大到组团内转移（一）[183]

首先，确定出第一阶段要开发的单元，包括若干住宅及主要的商业娱乐区域（recreation area），这个主要的商业娱乐区域也作为整个开发地区的服务中心和开放空间集中区域。其次，在开发周边用地时，为了与已开发用地的景观、设施协调，开发商将会在新开发用地上适当增加新的服务性设施（recreation building），并与由第一阶段开发单元内的居民组成的家庭协会（homes association）进行协商，讨论新开发公共设施的位置与规模。同时，第二阶段住宅单元开发之后，新开发用地上的住户将成为家庭协会的新成员，参与第三阶段的建设讨论。第三阶段的开发类似于第二阶段，当最后用地上

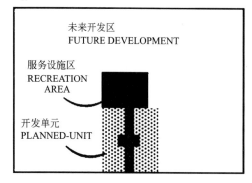

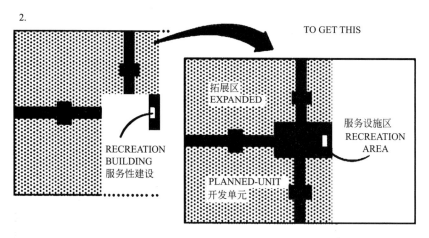

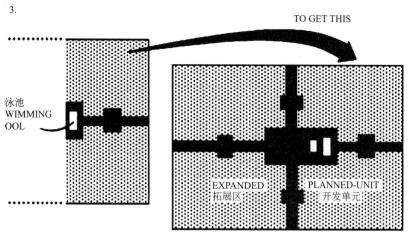

图 4-8　地块内转移扩大到组团内转移（二）

所有开发完成时，几个居住单元自然形成由一系列公共服务设施联系在一起的居住社区。

3. 容积率转让技术从买卖协商到市场竞争

容积率转让技术最初应用在历史建筑保护当中，是通过地方政府与所有权人之间的协商方式完成的容积率交易。但政府与所有权人的协商很难达成一致意见，既难以保证政府的历史建筑保护目标，也难以保证所有权人利益所得目标，如在纽约中央火车站保护案例中，由规划委员会代表的政府要求所有权人出售历史建筑上空的容积率来保护历史建筑的完整，而所有权人执意将历史建筑开发为可以换取更多利润的办公楼，当协商无法达成的情况下只能向法庭提请诉讼，由法庭来作出最后裁决。

最初，这种向法庭请求司法裁决的方式虽然确立了容积率转让在历史建筑保护中的法律地位，但却不利于容积率转让技术的发展，一方面，司法诉讼实在是无奈之举，是政府与所有权人之间不可调和矛盾的唯一出路，另一方面，这种方式费时费力，很难适应快速变化的开发市场。为了进一步促进容积率转让技术的发展，各地方政府在实践中发展了两种方式：一种是通过总体规划或综合规划制定出容积率交易区，同时要求容积率的送出区与接收区处于同一地区或相邻地段，双方的所有权人可以自行协商进行容积率交易，这种方式是一种非市场化的协商方式，双方所有权人在达成意见一致的情况下可向地方政府的相关部门提交转让申请；另一种在设定容积率交易区的基础上，采纳约翰·科斯托尼斯（John Costonis）教授在1971年芝加哥规划中提出的建立容积率转让市场的想法（图4-9），将所有权人限制开发的容积率转化为开发权的形式放到市场中，由市场中的价格机制来自由协调所有权人的利益所得，如宾州白金汉镇在开发权市场刚刚建立时，曾有一位农民将自己所持有的90份开发权，以每份2000美元的价格进行销售。政府建立容积率转让市场的作用在于稳定不同开发地区容积率的市场价格，根据阿隆索（W. Alonso）的竞租理论（Bid Rent），在完全自由竞争的市场机制下，城市中土地需求的市场价格变化能从自身土地上获得的经济利益来确定最佳区位，以致形成地租和地价远离市中心逐渐降低的模式。容积率的送出区与接收区

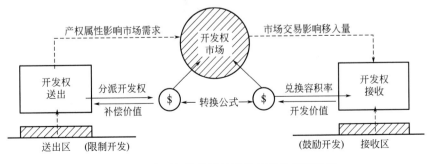

图 4-9 送出区与接收区的开发权交易市场示意

在不同区域，其区位条件、地理环境、规划控制强度均有差异，使容积率在两地的市场条件及价值均不同[184]，通过设定开发权转化率，将不同的开发条件兑换成相同的交易单位进行市场交换，以此来达到地区资源保护与限制开发地区所有权人利益的平衡。

4. 容积率储存技术从基金到银行

区划地块上空未经开发的容积率可视为一种具有潜在开发价值的不动产，具有与真正房地产一样增值的效益，因而未使用的容积率可以进行储存，容积率储存技术也由此而来（图4-10）。最初的容积率储存应用于纽约市南街港保护街区中，由于当时纽约政府无力全部偿还历史街区保护的货款，因而将当时历史街区上空未开发的111480m²建筑面积转让给城市银行财团，城市银行接收并持有这些未开发建筑面积的许可，等待开发市场好转时将其出售。纽约市政府的理查德·温斯坦（Richard Weinstein）将这称为"一种以商品交换为特征的空中权利"。这种容积率储存方式是将容积率作为一种货币的形式存入城市的实体银行中，银行再通过招标的方式出售，以获取利润。由于这种情况为借用城市实体银行来抵押容积率，属于特殊情况下的特例，因而并未得到普及，但未使用的容积率可以通过银行进行储存与升值的情况已经得到美国各个城市的普遍认可。1980年代初，随着容积率转让技术的发展，美国各地方政府在制定相关的TDR计划时开始注重建立容积率交易市场，相应的真正储存容积率的开发权银行（TDR Bank）开始确立。银行的主要目的在于通过对未使用容积率的集中购买、统一出售，并为交易双方提供担保等方式来调节与稳定市场，促进容积率转让交易[185]。开发权银行的形式可细分为两种：一种是由州政府、相关保护性组织成立的基金会，如马里兰州蒙哥马利郡于1982年成立的TDR基金，用于在市场不景气时为农田保护区的所有权人提供担保。1984年纽约市剧院咨询委员会（Theater Advisory Council，TAC）出台的剧院区的TDR报告中呼吁将剧院区上空出售部分容积率的资金创建一个纽约影院依托基金（New York City Theater Trust），用于维持剧院补贴非营利的实验性戏剧教育。另一种是由州或地方政府授权而成立的容积率管理银行，如华盛顿州国王郡（King County），1999年由国王郡议会（Metropolitan King County Council）提供150万美元建立了TDR银行，用于

图 4-10　未使用容积的银行储存示意

完善邻里社区中的服务设施。

4.3 控制框架特征——调控规则独立化

容积率调控技术最初仅作为一种区划改良手段，依托在区划法的控制框架中，后来随着空间范围扩大，调控技术在实施过程中需要面对更为复杂的问题，迫使技术的调控规则不断修正与更新，逐渐形成独立的调控框架。

4.3.1 调控规则从通则到计划

容积率调控规则的形成与发展经历了一个从通则到选择，从选择再到调控的过程。从广义上，这个过程可以看作是美国开发控制体系的完善过程；从狭义上，这个过程则可以视为美国容积率管理制度中调控规则从原有体系中分离，逐渐独立化的过程（表 4-10）。大致可划分为四个发展阶段，每个阶段都具有各自的发展特征（图 4-11）。

容积率调控规则的发展阶段及特征 表 4-10

开始时间	阶段	总体特征	用于调控的容积率
1960 年代	第 1 阶段	通则式	开发总量无上限控制，按要求即可得到奖励
1970 年代	第 2 阶段	选择/协商	多种选择条件，按需求自行选择，以协商交易为主
1970 年代	第 3 阶段	特别规定	调控总量与范围受到限定，市场形成
1980 年代	第 4 阶段	独立框架	独立计划，按环境容量设定规则，有市场，有银行

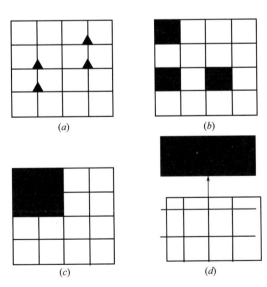

图 4-11 容积率调控规则的发展历程

（a）标准框架内的条例；（b）标准框架内的选择；（c）标准框架内的特殊规定；
（d）标准框架外新规则独立

133

第一阶段：通则标准。在容积率调控技术的应用初期，其调控规则依附于区划法中，等同于一般性开发控制规则，即开发者只要满足区划法中的相关规定，就可以实施容积率调控。最具代表性的是美国1961年的区划条例中的容积率奖励规则。在高密度建设区（居住区R9～R10，商业区C1～C7）只要提供广场和拱廊，即可得到20％的容积率奖励。这种规定下，高开发需求区中提供公共空间的开发商一定"趋之若鹜"，因为相比较获得的额外容积率来说，提供广场和拱廊的成本要低得多，导致当时城市中心区内充斥着众多无用的广场。

第二阶段：特例申请。通则式的容积率调控规则在实施一段时间后负面影响不断，招致公众质疑，迫使美国地方政府不断作出相应修正，发展到了特例申请阶段。特例申请是指政府在一般性开发要求标准基础上，设定出若干可供选择的容积率调控规则，由私有业主或开发商根据自身需求进行选择，向政府提交申请进行建设，并可获得一定的利益补偿或容积率奖励。调控规则覆盖空间设计、立面改造、道路修建、设施提供、历史保护等多个方面。一般情况下，这些规则是引导性的，开发商选择过程中有绝对的自主权。

第三阶段：特别规定。由于特例申请规则的选择是开发商或私有业主按需求决定，使容积率调控技术的实施结果很可能与政府的规划目标有一定的偏离，因而发展到第三阶段——特别规定。特别规定是指在一定范围内设立容积率调控规则。容积率调控规则发展到这一阶段，已经与区划法中一般性开发要求有很大区别，有特定的实施规则与实施范围，基本自成体系。特别规定主要针对城市中某些特别规划区而设立，如历史保护区、可负担住宅建设区等。这一阶段各个城市针对城市中的特别保护区，已经有了若干独立的调控性标准。

第四阶段：独立计划。目前，容积率调控规则已经作为空间资源保护策略中的重要组成部分，具有独立的控制框架。有些城市设定出专项用于实施容积率调控的计划，如社区转让计划（Community Transfer Program）、增长与保护的交换、开发交换计划（Development Swap Program）、历史保护与开发计划（Heritage Preservation Development Program）、农地与开发方案（Farmland and Development Initiative）、适居的社区开发计划（Livable Communities Development Program）、乡村历史遗产开发方案（Rural Heritage Development Initiative）、基于调控机制的增长与保护计划（Regulation-Based Growth and Protection Program）、达拉斯中心区保护调控计划（Downtown Dallas Preservation Regulations）、夏洛特郡TDR法令（Charlotte County Transfer of Development Righs Ordinance）、新泽西高地TDR技术报告

（Highlands Transfer of Development Rights Technical Report）；还有些地区将实施目标提升到宏观层次，与城市其他发展计划相独立，但属于总体规划中的一部分，如博尔德郡综合规划（Boulder County Comprehensive Plan）、波特兰规划与区划条例——城市中心区规划（Portland Planning and Zoning Code：Central City Plan District）、查尔斯郡综合规划（Charles County Comprehensive Plan）等。一个完整的容积率调控计划框架至少要包括容积率调整区的设定规则与管理程序的相关内容。调控规则在发展到独立计划之后，很多调控计划已经跨越了行政辖区的限制，由州或郡政府来统筹，因而在总计划内又分设出很多子计划，如在新泽西州松林地保护计划中，新泽西州政府在总体规划中要求，被划定在保护区范围内的所有行政辖区都需要在地方综合规划中设置出与总体规划相一致的调控性规则。

4.3.2 规划与法律协同调控

在容积率调控规则形成具有独立化特征的实施计划之后，容积率调控规则的结构也逐渐清晰化。最初，容积率调控规则归属于区划框架下，仅作为一般性法律条文。1960年代末，随着容积率转让技术在司法诉讼中确立了法定地位，容积率调控便被作为一种可补偿利益的法律手段应用于开发管理中。由于缺少规划依据与经济分析，利益补偿额度只能由政府及利益相关者通过协商来完成，造成容积率调控技术实施之后的开发结果难以预计。1970年代以后，部分城市将容积率调控的相关要求写入总体规划中，使容积率调控规则的主体内容逐渐规范化，逐渐形成稳定的控制框架。表4-11、表4-12中列出美国部分郡或市的政府部门所制定的与容积率调控相关的控制规则，分析发现，几乎所有地方政府制定出的容积率调控框架都带有复合性特征，即调控框架的主体内容由"规划"与"法律"共同构成。在规划层面，美国地方政府根据地区建设需求、人口发展密度、公共设施水平等基本条件拟定容积率调控计划的主要内容；在法律层面，将综合规划制定的主体内容转化为具体的开发实施条例；两者协同发展，形成互补性的调控结构。

美国部分城市制定的与容积率调控相关的规划与法令（一）　　表 4-11

地区	年代	相关内容	规划	法律
国王郡（King County）	1990	华盛顿增长管理法案		▼
	1993	TDR 制度	▼	
	1997	综合规划修正	▼	
	1998	区划法修正-开发信用引导计划		▼
	2000	开发信用银行条例		▼

地区	年代	相关内容	规划	法律
科里尔郡(Collier County)	1974	新区划条例-控制增长,保护岸线资源		▼
	1979	区划修改-非相邻地块转让		▼
	1999	区划修改-扩大到土地规划图上任何地区		▼
卡尔维特郡(Calvert County)	1974	农业与森林的综合保护规划	▼	
	1978	TDR 计划		▼
	1999	郡区划条例		▼
新泽西松林地(New Jersey Pineland)	1980	松林地综合管理计划	▼	
	1980	松林地综合信用计划	▼	
	1991	诉讼案(加德纳与松林地委员会,125N.J.193)		▼
大德郡(Dade County)	1980	东沼泽地(East Everglades)地区管理规划	▼	
	1981	分割使用权法案		▼
	1997	区划法令修正-分割权地点扩大		▼
长岛松林地(Long Island Pine Barrens)	1972	独立的 TDR 计划	▼	
	1993	长岛松林地保护法案		▼
	1995	中央松林地综合土地使用规划	▼	
蒙哥马利郡(Montgomery County)	1969	边界与廊道规划	▼	
	1980	农业与乡村开放空间保护	▼	
	1987	区划修改加入 TDR 要求		▼
太浩湖地区(TRPA)	1986	区域规划	▼	
	1986	太浩湖区域规划法令		▼
	1997	诉讼案(苏他明与太浩湖区域局,520 U.S.725)		▼
博尔德郡(Boulder County)	1981	非城市地区计划单元开发(NUPUD)	▼	
	1989	非相邻相邻地区联合开发(NCNUPUD)	▼	
	1989	郡综合规划	▼	
	1994	政府间合作计划(IGA)	▼	
	1994	博尔德峡谷 TDR 计划		▼

美国部分城市制定的与容积率调控相关的规划与法令（二）　　表 4-12

地区	年代	相关内容	规划	法律
纽约（New York）	1961	纽约市区划条例		▼
	1968	TDR 法令		▼
	1978	诉讼案（中央铁路公司与纽约市政府，438 U.S. 104，137）		▼
	1981	特别中城区复兴曼哈顿规划	▼	
华盛顿（Washington, D.C.）	1984	中心区规划中提出实施 TDR	▼	
	1989	中心区规划扩大，增加容积率接收区	▼	
	1991	中心区区划条例修改		▼
西雅图（Seattle）	1963	奖励区划		▼
	1985	城市中心区历史地标建筑与保护与保障房供给计划	▼	
	1998	联合国王（King）郡建立政府间联合试点项目	▼	
丹佛（Denver）	1982	区划建立 TDR 实施区		▼
	1984	扩展 TDR 实施区范围		▼
	1994	中心区 B-5 区修正-提供密度奖励		▼
旧金山（San Francisco）	1985	城市中心区规划（指定 253 栋重点建筑）	▼	
	1985	中心区划条例		▼
洛杉矶（Los Angeles）	1975	容积率平均值		▼
	1985	指定建筑地点法案		▼
	1988	修改再开发计划		▼
丘珀蒂诺市（Cupertino）	1983	区划法中增加容积率限制		▼
	1983	综合规划		▼
	1984	建立 TDR 制度		▼
奥斯丁市（Austin）	1996	中心区的再开发法案（CURE）		▼
	2004	大学社区叠加法令		▼
	2007	立面混合使用通廊（VMU）	▼	
	2007	北伯内特（North Burnet/Gateway）地区计划	▼	
	2009	密度奖励法案		▼

在容积率调控框架中，规划控制是开发的依据，是地方经济、环境、社会发展在空间上作出的综合表达，而法律控制是行动纲领，是将动态的规划政策进行固化与标准化的过程，两者分工不同，规划起到导向性作用，政府通过规划的试行，可以参考公众对其内容的反应再进行修改；而法律则起到确定性作用，因为一旦规划内容被转化为区划条例，所有相关规定将被法定

化，违反区划法则被视为违法，因而大部分城市在制定容积率调控控制体系的过程中都会遵循"规划与区划"相匹配的原则。但有时，在两者均不确定或正在完善阶段时，政府会出台一个暂时性区划，临时管理开发控制体系，如波士顿市曾拟定了一个暂时性的重叠土地使用区划，以降低全市的高度限制。亚特兰大市也曾为大约 152 栋历史建筑提供了一个为期一年的暂时性土地使用分区规范。

4.3.3 调控依据从定性到定量

在容积率调控规则内容完善、结构完整的基础上，容积率调控规则的设定过程也越来越趋向于科学化，逐渐从定性分析走向定量的科学论证。主要内容体现在三个方面：容积率调整量的预测、容积率调控区的选择、调控容积率的市场需求。

首先，容积率调整量的预测通过"土地容量估算系统"实现。土地容量估算系统可以结合城市的增长边界、规划目标、公共设施需求等相关因素对某一地区进行需求预测，将其折算为这一地区应获得的容积率，再通过与现有开发强度的对比，明确可进行再次调整的容积率数值。如西雅图市采用土地供给控制来计算开发容量，估算容积率。1997 年，西雅图在全市范围内进行容量分析，将所有地块归为空地、可再开发或内填开发地块、不可开发地块、历史区或机构规划区四类用地。基本开发容量由容积率和土地使用类型决定，其中单户和低层多户住宅采用 15% 的市场系数折减[186]。科里尔郡最初制定容积率红利制度时，其红利额度在总量控制之外，后来郡政府通过数据分析发现过多的红利额度会影响开发市场需求，于是将原来的 10%～20% 的奖励减少到 5%～10%。

其次，在容积率调控区的选择中，美国地方政府已经开始注重结合 GIS、统计分析等科学手段将土地及空间按照资源价值进行分类。如在太浩湖流域的保护案中，太浩湖区域规划局（TRPA）建立了两个环境管理体系来评估太浩湖流域的土地资源与开发能力，一个是"贝利土地得分体系（Bailey Land Scoring System）"，另一个是"逐一地块评估体系（Individual Parcel Evaluation System，IPES）"。贝利土地得分体系是指将太浩湖流域的土地按其敏感度划分为七个级别，分别对应七个地区，级别越低，敏感度越高，如在 1 区和 2 区，土地覆盖率为 1%，而在 7 区和 8 区，土地覆盖率最大为 30%。在"贝利土地得分体系"控制下，1～3 区严格禁止新的开发活动，在 4～7 区，所有开发活动也需要受到严格的限制，但 TRPA 允许容积率以"覆盖权（Coverage rights）"的形式从 1～3 区转让到 4～7 区。1987 年，在贝利体系的基础上，TRPA 又发展出逐一地块评估体系，对未开发地块的开发适宜性按数值评分的形式进行分级，任何获得"高分（top rank）"的地块都将获得一定开发强度的分派[187]。通过这种方式使容积率调控区的设定更为合理，也可以更加准确地评估生态资源潜在的市场价值。

再次，在调控容积率的市场需求方面，美国地方政府会以地区市场中开发权的交易价格作为参考，并根据市场需求作出及时调整，用以提高容积率调控的实施机会。如在卡尔维特郡，最初郡政府根据 GIS 数据通过叠加方式绘制出的土地分类图（图 4-12）中，农业社区与资源保护区的范围相当大，原本这些地区都需要作为容积率的送出区进行保护，但在卡尔维特郡北部地

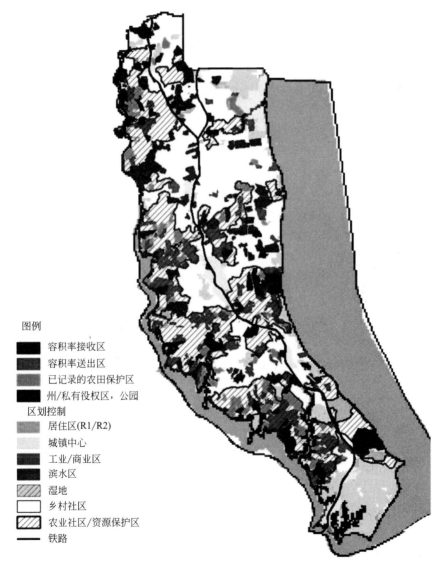

图例
■ 容积率接收区
■ 容积率送出区
■ 已记录的农田保护区
■ 州/私有役权区，公园
区划控制
■ 居住区(R1/R2)
□ 城镇中心
■ 工业/商业区
■ 滨水区
▨ 湿地
□ 乡村社区
▨ 农业社区/资源保护区
—— 铁路

图 4-12　卡尔维特郡经 GIS 分析后确定的容积率调控区[187]

区的市场开发需求极高，开发权的价格也迅速增长，从 1983 年到 1993 年，一份开发权的价格从 1211 美元增长到 2578 美元，康奈尔（Mc Connell）、柯彼茨（Kopits）和沃尔（Wall）的研究表明，开发权的价格在未来还将增长，鲍文（Bowen）在 2006 年研究指出，卡尔维特郡地区的开发权交易价格区间为 6500～7500 美元[188]（图 4-13）。面对这种情况，郡政府在用地分类图中部分调整了保护区的范围，将北部地区的部分保护地区划归为新的开发地区，以适应郡内地区的良性增长需求。

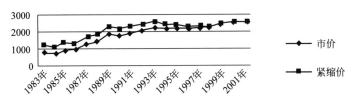

图 4-13　卡尔维特郡 1983～2001 年 TDR 平均价格[188]

4.4　管理框架特征——管理制度综合化

容积率调控技术的实施过程并不是孤立存在的，而是与美国整个开发控制体系相结合的，但技术的发展是其背后制度不断推进的结果，而制度则是由不同时期的政治、经济、文化因素共同作用之下不断完善的。因此，容积率调控技术在发展过程中其相关制度也表现出一定的动态特征，最终融合成管理制度的综合化。

4.4.1　管理程序趋向规范化

美国州、地方政府在制定与执行开发管理计划时，需要经过严格的程序，部分城市还要求区划法的主体内容要与综合规划的内容相匹配，如果开发管理计划的内容修改，如区划中土地用途变更，则区划委员会需要征求所有与土地利用有关单位的意见，并组织有关市民参加听证会之后，才能作出裁决。这个过程虽然严格遵循法律程序，但需要长时间的调查、审批，可能一项修正案需要拖延好几年的时间，费时费力。为了提高容积率调控的运作效率，1970 年代以后，随着容积率调控计划的兴起，美国很多城市将容积率调控计划的制定与执行程序从区划法中独立出来，单独执行。保罗·丹尼尔斯（Paul Danels）等人将一项容积率转让相关的法令出台过程概括为五个步骤（图 4-14）：①由州、地方政府及社区委员会共同协商拟定相关法案；②确立法案管理的委员会成员；③由委员会研究法案的适用性并出台相关的研究报告；④举办市民参加的听证会，讨论法案的修正内容；⑤正式的容积率转让法案出台。在独立法案的控制体系下，所有权人在申请加入到容积率调控计划时，不必通过再申请重新区划的程序，大大提高了容积率调控计划的运作效率。

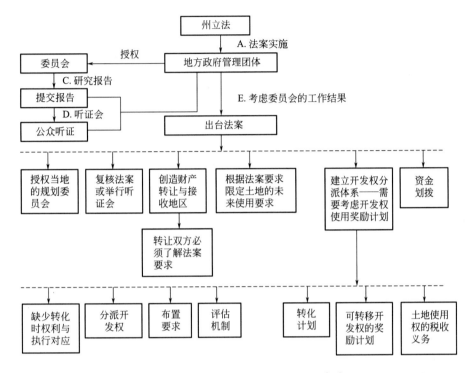

图 4-14　容积率转让计划的立法过程[189]

　　蒙哥马利郡政府的工作是这方面的典范。1980 年代，蒙哥马利郡政府在实施容积率转让计划时，执行快速审批政策，简化容积率转让的申请程序，并对提供基础设施建设的开发商给予自动优先权赋予的奖励政策，使这些开发商可以优先挑选希望开发用地的位置与类型。基本的执行步骤包括：①由容积率送出区与接收区业主协商交易的容积价格；②开发商根据所能获得的额外容积及接收区的环境条件拟定并向政府提交土地细化申请与用地规划申请；③在用地规划申请审批通过之后，容积率交易双方需向郡政府提供一份容积率转让契约及农田保护区的保护地役权规定（保证将地役权交给政府）；④经由郡政府相关部门通过后，一份用地交易记录将被政府存档，并永久保存；⑤政府部门启动一份未使用容积的消灭文件（用于证明未使用容积不能再次出售），即可完成容积率转让交接工作。传统区划中标准化的法律条例束缚了容积率调控技术的空间创造特色，其控制体系的制定与运作程序独立化发展赋予调控技术实施中更大的弹性，由于不同城市所设定的城市建设目标不同，所应对的利益群体不同，因而容积率调控技术实施的结果可能千差万别，因而将其整个控制体系作为以利益调控为主旨的容积率调控技术，更容易发挥其弹性调节作用，满足不同利益群体的经济与社会目标。

4.4.2 动态审核程序不断更新

由于容积率调控中四种技术的实施过程受到市场需求的影响，以容积率作为开发需求调控的手段难以预测，由此引起的空间形态上或社会上的影响，需要对调控的结果进行不断更新与反馈。因而很多美国地方政府在管理过程中融入了动态审核机制，评估容积率调控的程序是否规范、容积率调控地点的选择是否适合、容积率调控的数量是否会对空间产生不良影响，并根据数据分析、公众洽谈等方式对容积率调控政策作出进一步的调整。审核的过程就是一个对空间特色创造机制的更新过程，有利于容积率调控机制的不断发展。

例如，1960 年代，纽约市规划委员会针对可以获得容积率红利的地点，曾提出设计审核要求，规定所选地点在接纳额外的容积之后，不能影响到周边建筑的退后、立面、高度等设计要求，同时也不能影响到街区内或临近街区内的居民。1970 年代以后，定性的审核转化为定量分析，纽约政府通过市场经济的投入、产出原理来分析容积率调控结果，并对其形成的负面影响进行调整，如纽约市区划报告中显示，广场奖励对开发者与政府都在不同层面产生影响，就开发者来说，申请奖励后每 1 平方英尺可获得 23.78 美元（表 4-13），因而对于开发商可获得的成本收益比可达 1：47.7。对于政府而言，大量的建筑面积奖励可以为市政当局带来一定税收，但同时带来了空屋率上升，房价下降，导致城市中心区人口减少，也就是说从整体上看，导致了政府总体税收的减少。因而在此情况下，政府会根据总体的财务分析，调整容积率红利的有关政策（表 4-14）。

开发商成本、收益分析 表 4-13

	奖励前		奖励后
楼地板面积（平方英尺）	955000		795000
土地成本（美元）	10280545		10280545
建筑及设备费（美元）	40044379		32682450
总计（美元）	50324924		42962995
建筑单价（美元/平方英尺）	41.93		41.11
总收入（美元）	10799126		8745000

	奖励前		奖励后
平均收入（美元/平方英尺）	11.31		11.00
营运费用（美元）	6231244		5207250
营运单价（美元/平方英尺）	6.25		6.55
融资前净收益（美元）	4567882		3537750
总资本（美元）	50754244		39308333
建筑与设备费（美元）	−40044379		−32682450
土地总值（美元）	10709865		6625883
奖励160000平方英尺总值（美元）		4083982	
广场工程费（美元）		−80000	
利息支出（美元）		−185251	
奖励后净收益（美元）		3818731	
单位净收益（美元）		23.87	

纽约市政府地产税收益分析　　　　　　　　　　　表4-14

	奖励面积	无奖励面积
总楼地板面积（平方英尺）	218611238	207634093
使用楼地板面积（平方英尺）	194564002	194564002
闲置楼地板面积（平方英尺）	24047236	13070091
闲置比例	11%	6.30%
平均可课税值（美元/平方英尺）	21.36	23.32
可课总税值（美元）	4728561078	4842027049
税金总收入（美元，可课总税值×6.892%）	325932104	333712504
因奖励而短收之税金（美元）	7780400	

还有部分城市采用的是协商性审核，在调控政策制定前后，通过政府与开发商、公众的讨论来决定局部地区可增加的容积率数量，辛辛那提（Cincinnati）市在政府出台的2000年规划中，由商业团体及经济发展部门采用非正式的设计审核制度，确定对城市中心区不同特色地区的容积率进行重新限制，降低部分地区的容积率上限，要求只有在开发商确实提供某些公共设施

之后，才能在某些特定地区提高容积率上限控制，通过此种方式来促进奖励机制的发展[190]。西雅图市则是通过民间团体制定的"市民选择规划"来审核城市开发总量。1989年，由公众代表组成的民间组织通过自行投票选择适合的市场实施规划，降低了中心区的使用开发强度，并限制中心区每年新增加办公楼的总建筑面积，取得了良好的成果[181]。

4.4.3　参与主体合作形式转型

"容积率调控"是一项需要多学科支撑的技术，其技术的发展有赖于城市中的历史保护、生态建设、地价研究、法律、公共管理、规划与设计等学科理论的相互交融，对技术体系的建构与管理也需要有来自不同行业的专业人士共同参与。最初容积率调控技术作为区划法中的实施手段之一，对容积率管理实施自上而下的控制方式，遵循政府制定、开发商应用的原则，管理主体是政府中的相关管理部门，包括规划委员会、区划委员会等（表4-15），呈现一种"金字塔"式的管理模式。1980年代以后，随着公共政策的兴起，公众参与成为美国的新兴潮流，各种各样的规划目标与实施过程都有来自于不同专业的人士广泛参与，容积率调控计划也不例外（表4-16），随着容积率调控技术的发展，容积率调控过程逐渐融入自下而上的公众参与，形成多方利益主体合作博弈式的管理模式（图4-15）：政府需要在资源的开发与保护中作出正确判断，开发商需要考虑是否接受调控仍会赢利，公众需要对调控可能产生的影响提出意见，保护性团体需要争取容积率的调控结果不会对空间资源作出负面影响等。目前的参与主体可划分：公共机构及授权机构、私有机构、市民团体等。

美国部分城市与区划法规有关的主管部门[191]　　　　　表4-15

城市	主管部门	咨询部门	上诉部门	执行部门
纽约	城市议会	规划委员会	上诉委员会	建筑局
芝加哥	城市议会	规划和发展局	区划上诉委员会	区划局
波特兰	城市议会	规划委员会	调整委员会	开发服务局
哥伦比亚特区	区划委员会	区划委员会	区划调整委员会	市长
旧金山	城市议会	城市规划委员会	城市议会	区划主管

美国部分城市中与容积率调控技术实施相关的组织　　　表4-16

城　市	相关管理与参与部门
纽约	规划委员会/美国最高法院
旧金山	旧金山社区重建局（CRA）
波士顿	波士顿重建局

城　　市	相关管理与参与部门
亚特兰大	历史保护指导委员会/城市设计委员会
辛辛那提	历史保护委员会
泽西城	住宅与经济发展局
圣保罗	市长办公室/下城开发公司/港务局
丹佛	规划委员会
洛杉矶	市政府/历史保护委员会/城市规划委员会
新泽西松林地	联邦政府/新泽西州政府/松林地委员会/最高法院
蒙哥马利郡	郡议会
太浩湖区域	美国最高法院/太浩湖区域规划局

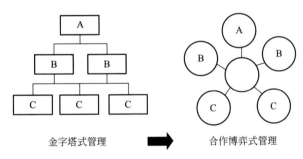

金字塔式管理　　　　　　　合作博弈式管理

图 4-15　参与主体合作形式转变

　　公共机构及授权机构是指各郡、市等地方政府的相关管理部门，主要负责研究、制定实施计划、确定城市发展及建设目标、编制政策性规划、提供管理信息、对非政府机构提供一定的政治支持等，是法规制定与修正的政府组织。还有些城市政府通过立法授权的形式设立一些更为专业性的管理组织，如规划局、发展局、重建局、规划委员会、区划委员会、调解委员会、审查委员会等，其组织成员来自于具有不同专业背景的市民志愿者，由城市议会进行任命。由于近年来在美国的开发建设项目中公私合作现象非常普遍，这些管理组织承担着为政府与私有利益团体建立合作关系的重要任务，在地区开发管理中有着独立的执行权。私有机构是指一些由房地产开发商、大企业主、零售商、土地所有权人等组成的开发公司或商业协会。

　　私有机构是城市建设的主体，对城市开发规则的制定与修订最为敏感，可以通过协商与谈判的方式与政府相关部门进行沟通，对一些容积率调控规则的设定提供正面反馈。哈特福德（Hartford）市在实施容积率调控计划之前，要求参与计划实施的设计师与开发商拟定出基本的实施规则，对容积率调控过程中所涉及的要素作出准确定义与说明。

市民团体是指一些非营利性保护组织，如历史古迹保护团体、环境保护团体等，他们通常以专业咨询者的姿态出现，为规划委员会提供专业意见。詹姆斯·费尔特（James Felt）在担任纽约规划委员会主席时曾发表过一个题为"上升的纽约"（1987年）的研究报告，对城市建设中市民所应履行的职责给予特别强调："市政府必须……努力建设一个更美丽、更人性化的城市——不仅仅是个商业城市。在规划与重建纽约的过程中，应当着重于公共区域（公园、街道、地铁站）的质量——而对公共区域的尊重也应当是纽约市民行为举止的重点。这种尊重必须成为纽约公共文化中的主导部分，也应当是每位纽约人对城市生活作出的贡献。"[192]

以上所有的参与主体协同合作，共同完成容积率调控技术的实施过程，并分享容积率调控技术的实施成果。例如，乔治亚州的亚特兰大市在1980年代制定的历史保护计划中，关于容积率管理的规则是一个由市长任命的11位成员共同组成的规划委员会来负责，根据协议，委员会的成员组成中，必须包括一位房地产商、一位土地开发商，其余还包括建筑师、艺术家及若干位法律专家，这些成员组成的目的在于促使规划委员会能够更加有效地在城市历史、艺术、法律、经济等各方面作出一个平衡考虑。纽约市城市中心区的容积率调控计划在实施过程中根据政府、公众及开发商之间的博弈结果进行不断更新，目的是为了满足不同历史时期的城市建设要求。公众利益有不同的现实要求，政府在对公众作出妥协的同时，还需要不断权衡修改立法可能对城市环境造成的影响，以及开发商的利益所得。

4.5　本　章　小　结

本章在全面认识容积率调控技术及发展历程的基础上，对容积率调控技术在发展过程中所形成的演化特征进行归纳，通过四个层面进行论述：

首先，在空间范围层面，实施容积率调控技术的空间范围表现出层级化特征。其实施范围经历了局部地块、街区空间、城乡空间、区域空间四个发展阶段，可概括为微观、中观、宏观三个空间层次，依次对应于三种空间调控模式：局部空间模式、城市空间模式及区域空间模式。随着调控空间范围的扩大，技术调控的空间类型呈现出多元化特征，分别应用于创新型空间、保护型空间、更新型空间。这些发展特征使得实施容积率调控制度后的空间形态表现出从分散化到集中化，再到簇群化的演化趋势。

其次，在技术方法层面，四种容积率调控技术在应用中表现出双向度发展特征。在横向发展中，四种技术表现出相互融合的特征，由于四种技术各有分工，因而在某一方面具有专用性，但在其他方面可能会表现出缺欠，随着空间范围的扩大，影响因素多元化，四种技术出现相互融合与补充的趋势。在纵向发展中，四种技术自身也在不断更新、变化，容积率红利技术从"比率"到"绩效式"发展；容积率转移技术从地块内应用发展到社区、组团范围；容积率转让技术从原有买卖双方协商式发展到市场交易，按照市场竞争机制来调节容积率价格；容积率储存技术从政府的公共资金发展到由政府建立统一的容积银行。

第三，在调控规则层面，表现出逐渐独立化的特征。容积率的调控规则从确立到发展经历了一个从通则标准、特殊申请、特殊规定，再到独立计划的过程。在这个发展过程中，容积率调控规则逐渐从区划法规体系中脱离出来，成为独立的实施计划。同时，随着实施计划的内容、结构完整化，计划的编制依据也从定性走向定量，使容积率调控的控制体系成为刚柔并济的实施框架。

第四，在管理制度层面，表现出综合化特征。在管理程序上，1970 年代以后，容积率调控计划兴起，使容积率调控技术的执行程序从传统开发控制体系中脱离出来，单独执行，大大提高了容积率调控技术的运作效率。同时，政府部门对容积率调控的结果采用动态审核机制，又进一步促进了管理程序的规范化发展。在实施主体的参与模式上，随着容积率调控技术应用范围的扩大，技术操作需要解决的问题越来越复杂，使更多来自于不同专业背景的人员加入到容积率调控技术的实施管理当中，使主体参与模式从原有的由政府主导的"金字塔"模式转向多元主体合作的"博弈"模式。

第5章 容积率调控技术体系的确立及推广

容积率调控技术体系的形成与发展是一个动态过程，这个过程是各种矛盾相互作用的结果，容积率调控技术就是在开发环境条件与规划政策的矛盾中不断形成与发展的，经过长期的实践，美国的容积率调控技术已经逐渐从一个协调局部利益的工具发展成为政府实现区域资源调配的政策性管理制度。促进技术发展与演化的动力来源于不同历史时期内社会、经济、科技等综合因素的综合作用，正如诺斯（North）认为："技术的改革或改进固然为经济形态注入了活力，但如果人类没有持续地进行制度创新和制度变迁的冲动并通过一系列制度建设把技术改进的成果巩固下来，那么人类社会长期经济增长和社会发展是不可设想的。"[193]因而容积率调控技术在演化过程中不断进步，逐渐形成稳定的技术体系，能够稳定地应用于解决更新地区的资源保护与空间复兴问题，很值得将容积率调控技术体系进行推广。

5.1 容积率调控技术的体系建构

5.1.1 容积率调控技术的系统化趋势

1. 容积率调控技术体系的产生

现代系统论的开创者贝塔朗菲（V. Bertalanffy）将"系统"定义为相互作用的多元素复合体。如果将此定义进一步分析，系统的定义可表述为，由一些相互联系、相互制约的若干组成部分发展结合而成的、具有特定功能的有机整体。虽然系统论产生于1930年代，但人类认识物质世界的系统性思维方式却从很早就已经出现，大体上可划分为四个发展阶段：①古代系统观。系统一词来自于拉丁语的"Systema"一词，意为"群"或"集合"，早在古希腊时期，亚里士多德曾提出过一个著名的命题，即用所有方式显示的全体，并不是部分的总和，后人将此观点概括为"整体大于各部分之和"，这也正是系统观的精髓理念之一。②近代系统观。18～19世纪以后，科学上的一系列新发现促使事物之间既有联系又相互区别的规律被揭示出来，发展出整体性思维方法，如黑格尔把一切作为自身发展的理念看作是过程的集合体。马克思、恩格斯则发展出了辩证唯物主义的系统观。③现代系统观。1937年贝塔朗菲提出一般系统论，重点在于研究系统的开放性，即系统与外界环境有序地、有目的地交换着物质、能量、信息，最后达到稳定。④当代系统观。1960年代以后，信息论、控制论、运筹学、博弈论、排队论等一一出现，系统的定量研究逐步发展完善，形成完整的系统科学。按照现代系统论的基本定义，构成一个"完整系统"所应具备的基本特征有：层次性、动态性、整体性[194]、目的性[195]、开放性等。层次性是指系统内划分的等级性，形成从纵向与横向两个层面各种多元性的辩证统一。动态性是指任何一个系统都时刻处于不断变化的状态之中，因系统所处的环境变化而不断发展、成熟、衰退与消亡。整体性是指系统的各个部分并不是简单地叠加，而是各种要素之间相互作用的结果，可以理解为在"质"的层面上各部分内容协调有序、在"量"的层面上表现为"非加和性关系"，即"1＋1＞2"的结果。目的性是系统内部各种功能所指定的一致方向，比如整个规划系统就是以实现城市内部各种空间资源的合理配置为基本目的。开放性[196]是指系统的发展过程中总是能与周边环境中的其他系统相互作用，进行物质、能量和信息的交换，使内容不断丰富。

　　系统论的思想可以存在于任何学科之中，规划学科也不例外。回顾美国容积率调控技术发展的整个过程，表现出了四方面基本特征：在容积率调控技术的空间范围层面呈现出从微观到宏观的空间层级化特征；在容积率调控技术本身的发展过程中呈现出技术在横向与纵向两个向度的复杂化特征；在调控技术的控制框架层面呈现出调控规则逐渐独立化的特征；在容积率调控技术的管理框架层面表现出管理制度与参与人员逐渐综合化的特征。这四方面的基本特征，空间层级化、技术复杂化、规则独立化、管理综合化（图5-1），恰好符合构成一个"完整系统"所应具备的基本特征，因而可以证明容积率调控技术在发展过程中表现出逐渐系统化的趋势，到目前，已经具备了系统所应有的基本特征，成为完整的技术体系。其产生原因如下：美国容积率调控技术最初产生于1960年代，是城市规划中主流规划思想范式转变下的产物，并随城市规划实施理论的发展而不断完善。最初，容积率红利、容积率转移、容积率转让、容积率储存四种调控技术产生的背景各不相同，容积率红利产生于城市高密度环境对开放空间的需求，容积率转移产生于郊区住宅开发中的空间设计，容积率转让产生于中心区的历史建筑保护需求，容积率储存则产生于市场不景气条件下的空间储备需求，由于背景的差异使四种技术在初期使用时相对独立，但随着容积率调控技术的适用空间范围不断扩大，所需要面对与解决的空间问题越来越复杂，个别化、分散式的使用方式无法满足不同层面的空间开发调控要求，因而，从1970年代开始，四种容积率调控技术在各自更新的同时，逐渐出现相互融合的趋势，形成容积率调控技术体系。

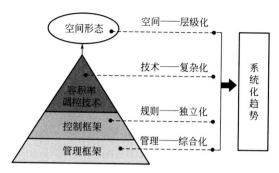

图 5-1 美国容积率调控技术的发展趋势

2. 容积率调控技术体系的结构

系统的分类方式有很多种，根据所属学科及研究领域不同可以千差万别，按照自然属性划分，可以分为自然系统与人造系统；按照物质属性划分，可以分为实体系统和概念系统；按照运动属性划分，可以分为静态系统与动态系统；按照反馈属性划分，可以分为开放系统与封闭系统；按照行为特点划分，可以分为控制系统和行为系统；按照数学属性划分，可以分为连续系统与离散系统等[197]。但是，几乎所有的系统都有相同的结构，由各种要素按照一定关系进行的次序排列或组合。因而按照系统论的观点，一个系统主要由两部分组成，系统中的"元素"及组成若干元素之间的"关系"（图 5-2a）。其中，元素是构成系统最基本的组成部分，一个系统中的元素必须具有两个及两个以上；关系是元素之间的关联或序列，或理解为各种元素之间的相互作用关系。系统的基本构成是这样，那么，一个由技术构成的系统，其基本结构是怎样的呢？通常来讲，由技术作为基本元素所组成的系统可称为技术体系。技术体系是技术在社会中的现实存在方式，是一种（或一类）技术按照一定的自然、经济、社会条件和内在逻辑结合而成的有机整体[198]。对技术体系的概念仍可以基于两方面的理解，一方面，技术体系是若干具有共同社

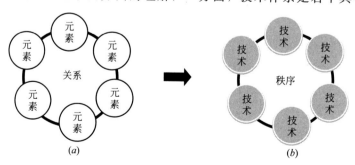

图 5-2 系统与技术体系的构成

（a）系统构成；（b）技术体系构成

会目的的技术所构成的，另一方面，这些技术组成在一起，具有自身的发展逻辑与固定的运作规律。因而，一个技术体系的基本结构是由作为"元素"的"技术"及各种技术之间的相互联系的"秩序"共同构成的（图5-2b）。

系统或技术体系的内部结构组成的主要目的在于其系统运作的功能，即系统功能。与一个系统结构相对应，系统功能是指系统内部结构与外部环境相互联系所表现出的作用与能力，体现了一个系统与外部环境之间输入与输出的交换关系。系统结构与功能存在着一个对立与统一的关系（图5-3），表现为以下四个方面[195]：①系统结构中各种元素不同，使系统的功能不同；②系统结构中各种元素相同，但内部关系不同，使系统的功能不同；③系统内各种元素、关系都不同，却能获得相同的系统功能；④在相同的系统结构条件下，不仅只有一种功能，根据环境变化可产生多种功能。

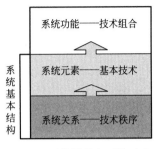

图 5-3　系统结构与系统功能

作为系统科学体系下的分支，技术体系之中的结构与功能也存在着相同的关系，在不同类型的技术体系之中，各种基本技术按照一定秩序进行排序，形成可以适应于不同环境的技术组合。美国容积率调控技术体系的基本结构也遵循着最基本的系统规律，即其技术体系由系统结构与系统功能构成。因而，可以将容积率调控技术体系的运作框架划分为三个层次：一是容积率调控秩序的设定，建构调控技术之间的相互关联；二是基本技术的确定，根据基本技术再确定出可能的技术组合形式；三是根据外部环境的变化，选择适用于不同建设环境的技术调控模式（图5-4）。

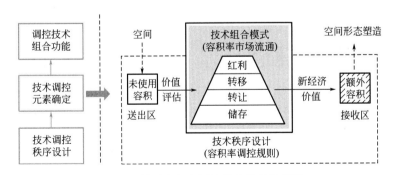

图 5-4　美国容积率调控技术体系的框架

3. 形成调控技术体系的优势分析

美国容积率调控技术体系是以公共空间的整合与优化为目标的，在规划管理中是各种容积率调整相关的规划控制技术联合而成的方法系统，这个系统中的各种容积率调整技术并不是简单地叠加或技术复制，而是在不同社会经济环境中能够相互协调、相互补充的复杂技术网络体系，在开发管理中具有以下优势：

（1）空间建设的目标分级化：分级是系统发展过程中由各种子系统所组成的空间层次，规划所面对的是一个包含社会、经济关系在内的复杂空间系统，具有无限个空间子系统，因而可以划分为不同的空间层次。经过多年发展，美国容积率调控技术体系几乎覆盖到所有的空间层次，涉及各种空间类型的建设，依照实施范围，可划分为微观、中观、宏观三个层级，在这三个空间层次中容积率调控技术的主体任务不同，所设定实现的空间规划目标也不同，相较于原有的只针对局部空间实施容积率调整来说，容积率调控技术体系对于解决不同空间层次的问题更具方向性。在微观层面，容积率调控应用范围在单一地块或街区之内的几个地块之间，最终的调控目标主要在于满足不同地块之间私有业主的利益平衡，包括对私有业主的容积奖励来换取地块内的公共设施增加，或是对私有业主的利益补偿来换取地块内开放空间的预留。在中观层面，容积率调控的范围扩大到城市范围内的几个街区之间，容积率调控的主要目的在于实现城市特定区内空间特色的塑造。在宏观层面，容积率调控计划的实施范围扩大到城乡之间、城市与城市之间的区域层面，调控目标定位于空间资源的整体开发与保护，实现零散空间的整合与对原有集中的空间进行优化。

（2）技术组合的整合优化性：技术体系所追求的不是各种技术的功能叠加，而是所有技术相互联合之后产生的整体优化功能。在容积率调控技术体系之下，每一种技术都有自己的特定功能，具有特定的应用范围，应用过程中无法做到面面俱到，如容积率红利技术是调控技术体系中的基本手段，可以为技术的应用创造出市场需求，实现公共空间的建设，但在实施过程中奖励或补偿的量却难以掌握。容积率转移技术在开发地块容积率一定的前提下可以创造出多样化的空间形态，在不涉及产权的前提下难以扩大化。容积率转让技术通过所有权人之间的开发权交易，实现不同开发需求地段的利益平衡，但涉及市场交易时，往往对市场的开发需求与信息难以掌握。容积率储存有利于政府从宏观上统筹与分配空间资源，但却需要政府在先期投入大量的公共资金作为调控成本。因而，在一个完整的容积率调控技术体系之下，各种技术通过一定的结构方式相联系，形成功能互补、条件匹配的新型技术框架，适用于不同的环境条件，能够发挥技术组合在整体上的优化性，超过技术叠加所产生的实施效果。

（3）体系框架的动态调适性：技术体系是由现实的各种相关技术组合而成的，而所有现实的规划管理技术都具有一定的民族性和地域性特征，受到当时、当地的自然资源、地理环境、文化传统等因素直接影响，这些条件构成了技术实施的外部环境[199]，因而技术无法孤立存在，需要依托于一定的制度体系之下。由于一方面技术的应用受到生态环境、地域条件、经济状况等硬件因素的影响，另一方面又与科学发展、教育体制、生产水平等软件因素相联系，在形成技术框架之后，当这些硬件或软件影响因素发生变化时，都可以通过技术元素与技术秩序组合方式的改变来调整技术体系的主要功能，达到技术随政策更新的目的，当技术的更新或调整量达到一定程度时，就会引起整体技术体系的更替。因而容积率调控体系框架具有动态调整性，在容积率调控技术体系之下，四种技术通过组合方式与容积率调整量的变化来适应不同地区、不同时期的规划政策变化。

5.1.2　容积率调控技术体系的秩序设定

技术能够形成一个整体框架的主要原因在于单一技术之间的相互关系，也就是技术秩序的设定。世界经济合作与发展组织曾于1998年在《科学政策概要》中提出，技术的产生和发展与解决其他问题一样，都遵循"提出问题、解决问题、实现与验证"三个环节[200]，按照这种逻辑思路，美国容积率调控技术体系的内部秩序可划分为四个层次（图5-5）：第一层次，借助于科学分析方法评估空间价值，对有保护与开发价值的空间范围进行定位与评估；第二层次，根据环境影响评估的结果，选定实施容积率调控的地区；第三层次，在容积率调控区内，设定调控规则，激发私有资本；第四层次，设置交易机制，为容积率转移与交易提供操作平台，完成空间形态的重新塑造。在这四个阶段的主体内容中，第一阶段归属于提出问题，第二、第三阶段归属于分析与解决问题，第四阶段则属于问题的实现与验证。

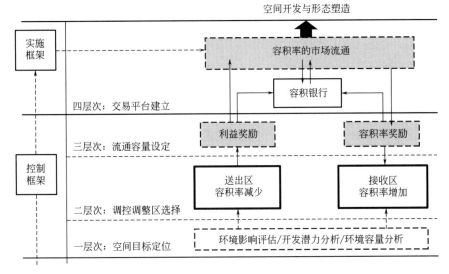

图 5-5　容积率调控技术体系中秩序建立的主要内容

1. 调控空间目标定位

容积率调控技术形成完整的技术体系之后，成为规划管理中的重要政策工具，可以根据城市的战略规划选择容积率调控技术框架的主要内容及技术的组合形式。当前，美国各州及地方政府的规划政策可分为三个大类：土地资源管理、城市景观管理、景观设计（表5-1）。美国各州及地方政府常在这三个大类中结合地方建设条件制定出具体的容积率调控目标。良好的调控目标设定可以支持城市总体规划目标的实现，也可以得到公众对容积率调控计划实施的支持。美国州及地方政府主要依据三个层次的内容对形成调控计划的技术体系进行目标定位：空间资源的信息收集；对空间价值进行评估，将建设目标进行反复筛选；根据公众反馈确定出具体的空间建设目标。

美国主要规划政策分类[201]　　　　　　　　　　　表 5-1

政策目标分类		主要内容
土地管理	土地管理	建立政策机制,管理土地开发、再开发的原则(如中心区再开发,城市增长边界)
	公共设施	建立政策机制,引导设置公共设施的原则
	环境质量	普通环境管理的政策设置(如水源规划中的杀虫剂或化肥用量)
城市景观	土地使用和形态	社区可以用于开发的多种土地用途及形式(紧缩开发,混合使用开发)
	公共设施	主要城市中心的公共服务设施(公共交通站,连接通道)
	住房	城市住房需求量及类型的建设政策,包括混合住房类型、混合收入住房政策等
	社区/特色/环境	独特城市社区特色(如历史保护、文化资源保护),城市环境质量(景观标准)
乡村景观	环境质量	解决乡村环境质量问题的政策(植被缓冲区设置)
	自然地区保护	保护生态资源区的政策(湿地、自然区的连接性与可接近性)
	自然资源保护	保护生态生产区(农地与森林保护)

首先，对管辖区内区划覆盖范围内的空间进行信息收集，包括空间资源属性、产权归属、现有使用情况、区划中的容积率限制等。美国政府在收集过程中依据两方面内容，部分城市或地区根据 GIS 系统数据收集，还有些城市通过几种专项资源的调查系统，如美国地理调查系统（U. S. Geological Survey，USGS）、美国土地保护调查系统（U. S. Soil Conservation Survey）等，及地方规划或区划条例规定的基本要求。将以上所查阅到的所有信息进行重叠，可以确定出空间未来的使用潜力，包括哪些地区的生态价值高，哪些地区的市场开发价值高，哪些地区更适用于居住，哪些地区更适用于商业办公等。其次，在此基础上，美国州及地方政府基于地方发展政策进行空间资源评估。根据空间资源的评估结果对土地使用进行分类，确定出保护区、城市发展区、乡村建设区等。同时，根据评估值的高低还可以将用地进一步细分，如保护区可划分为：有价值的历史文化区（纽约、洛杉矶等城市的历

史地标认定）、需要严格保护的生态敏感区（太浩湖流域的资源保护）、一般性保护的农地区（宾州霍普维尔镇将农地质量进行分级）；城市发展区又可细分为新开发区、再开发区等。最后，容积率调控技术的实施需要有利于公众利益，因而需要由政府的相关部门召开听证会，通过公众反馈结果对所设定的实施目标进行修正，以确保调控计划的实施有利于增进公众的福利、健康与安全。

2. 容积率调整区选择

市场开发需求过高或过低，都可能对城市建设造成多方面影响。根据空间价值评估的结果，选择需要实施调控计划的地区，因而在美国，容积率调控技术的实施地区并不是全覆盖式的，而是根据所选择的空间目标，确定出需要进行容积率二次调整的地区，在这些地区中实施容积率调控既是对原有规划控制体系的修正与补充，也是政府间接干预城市开发建设的主要手段。容积率的调整区可以分为两类地区：一类是容积率减少或限制开发的地区——容积率送出区，另一类是开发潜力价值较大，可以容纳更多强度的地区——容积率接收区。

（1）容积率送出区：是指在容积率调整过程中需要降低原有区划密度的地区，这类地区通常是由于具有较高的空间使用价值、历史文化价值或资源保护价值而需要限制开发的地区，如：城市高密度开发区中的开放空间、城市中受到开发威胁的历史建筑与历史街区、乡村地区中濒临被郊区住宅取代的生态资源用地等。为限制这些地区的开发，可以将开发地块上的空间权"冷冻（frozen）"起来，将未使用的容积率转移出去，保证所有权人利益所得不受损失。州及地方政府选择送出区主要依据来自于前一阶段对空间价值及开发潜力评估的结果，通过评估分值来判断需要保护或需要创造空间的地区。如宾夕法尼亚州的常斯福德（Chanceford）镇、霍普维尔（Hopewell）镇和什鲁斯伯里（Shrewsbury）镇都通过评估系统将农用地的质量进行分类，对质量最高的农地才进行保护。但由于地区规划政策的差异，空间价值的评估标准并不相同，空间价值的认知方式也不同，从而得到的容积率送出区的空间使用性质不同。例如，在宾夕法尼亚州的曼海姆（Manheim）镇，对空间价值的评估重在如何保护乡村的空间品质上，在马里兰州的蒙哥马利郡，评估转向对农业用地的经济价值上[202]，而在旧金山，则将空间价值转向历史建筑上，被设定为容积率送出区的所有权人在将未使用容积率转移出去之后，在获得一定的经济补偿的同时，仍可以执行地块内的其他权利。在确定容积率送出区，所有权人确定不继续开发土地之后，需要与政府签署一系列的契约，如保护性地役权，确定土地将被永久保护；开发权交易合同，确定开发权不再二次交易。政府也需要将送出区的交易容积记录在案，作为"空间不动产"的另一信息。

（2）容积率接收区：是指在容积率调整区中具有高开发潜力，可以提高密度的地区。容积率接收区用于接收来自于送出区的未使用容积，如果接收区设置不当，没有人愿意购买这些未使用容积，则整个容积率调控计划就无法实现，因而接收区的设置非常关键，直接关系到调控计划的实施成败，在计划框架的设置过程中最具挑战性[202]。与送出区相比，接收区的设置内容更为复杂，由于送出区的资源保护需要获得公众的一致同意，因此送出区的选择只需要一些简单的实施步骤[203]。接收区的设置需要满足以下几个条件：具有较高的开发潜力，可以容纳更多的开发容量及人口数量；具有足够的基础服务设施或是有足够的空间可以建设更多的服务设施；处于高开发压力区，有巨大的市场开发需求；政府及公众对提高开发强度给予支持。受到以上条件的限制，接收区的选择适用于以下几种类型用地：①规划目标设定的城市开发新区，或新增加的城市中心区，如1994年西雅图市总体规划中提出"都市聚落（Urban Villages）"计划，提出了四种级别的开发强度居住混合区作为未来的城市核心发展区，可以接收多余的容积率："都市中心聚落（urban-center village）"、"核心型都市聚落（hub-urban village）"、"居住型都市聚落（residential-urban village）"、"邻里锚点聚落（neighborhood-anchor village）"，其中都市中心聚落开发密度最高，居住净密度不小于50户/英亩，邻里锚点聚落密度最低，低于8～15户/英亩（图5-6）[204]。②城市中已经衰败、缺少开发机会，但具有开发潜力的等待更新与复兴的地区，如美国很多城市都将处于城市中心的商业区、办公区、居住区等基础条件较好的地区作为接收区；③还有将某些旧居住区、旧工业区作为一种接收区类型的，如美国宾夕法尼亚州的华威（Warwich）市就将工业区作为接收区。

3. 流通容积率设定

在设置容积率调整区的基础上，送出区未使用的容积率通过一定方式转移到接收区中，才可称为"完成一次容积率调整"，也才能实现空间资源的重新分配。但在市场机制下，市场对公共物品表现出失灵，因此在容积率送出区对公共设施的增加或是公共利益的增加难以实现，没有开发商会主动承担公共空间建设，因此需要政府进行调控。同时，在容积率接收区，如果没有额外的利益增加，也不会有开发商会主动购买来自于送出区的未使用容积。因而需要对送出区与接收区之间的流通容积率进行设定，形成稳定、持续的流通动力（图5-7），这个过程涉及四个层次的内容：一是容积总量设定，二是容积率送出区的奖励形式设定，三是接收区的双重上限设定，四是送出区与接收区之间的交换率设定。

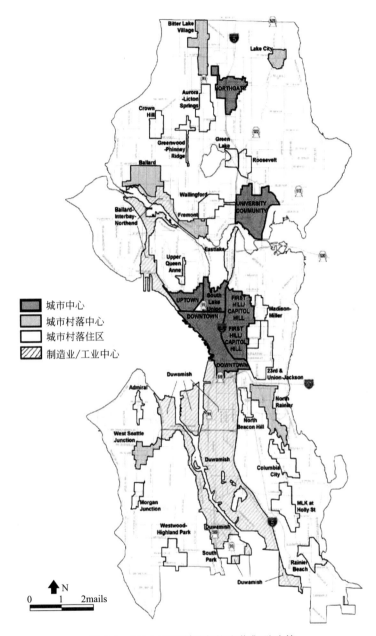

图例：
城市中心
城市村落中心
城市村落住区
制造业/工业中心

图 5-6　2004 年西雅图市的聚落集群政策

（1）容积总量设定：在容积率调控的实施过程中，只有局部地区的开发强度发生改变，或是容积率增加，或是容积率减少，但整个地区的容积总量保持不变（图 5-8）。开发总量的设定对于稳定容积率的市场需求与经济价值有着重要作用，是保证城市可持续发展的重要原则。美国最初的容积率调控

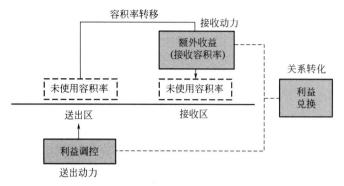

图 5-7　送出区与接收区的容积率调整与转化

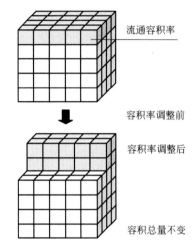

图 5-8　容积率调整前后总量保持不变

技术实施中并未与容积总量设定相联系，结果导致城市中各种无用公共空间与公共设施过剩，招致公众的一致反对。美国从 1970 年代末开始，对城市开发总量及容积率的调整总量都有明确的规定，例如，科罗拉多州的博尔德市在 1976 年，由公众投票通过限定 3 年内政府平均每年只能批准 450 个建筑项目；1980 年旧金山市在办公楼建设法案中规定，每年办公楼的容积限制在 10 万平方英尺以内。

（2）送出区的奖励形式设定：一般情况下，送出区的所有权人不会在遇到高开发需求时因为处于历史保护区或资源保护区就放弃获利机会，但为了能够吸引更多的私有资本加入到保护空间资源的行列，美国政府通常会设置一些利益引导方法来补偿所有权人可能受到的损失，补偿的形式十分多样，可以是一定的地税减免，可以是同一产权下其他地块的额外容积率补偿（适用于公共设施建设情况），或是其他形式的利益补偿。在所有的利益补偿形式中，最具代表性的方法是设置"开发权转让分派率（TDR Allocation Ratio，以下称 TDR 分派率）"。TDR 分派率是指在不动产保护法中规定的送出区土地所有权人可用于转让的开发权数量，也称为转让率（Transfer Ratio）。TDR 分派率由送出区的单位地价与开发权购买值决定，假设送出区地价是 20000 元/每平方米，接收区对开发权的预期购买值是 80000 元/份，那么 TDR 分派率为 4 平方米/开发权。有时在开发权价值难以估算或送出区地价极高的情况下，TDR 分派率可简化为"一对一转让率（one-to-one transfer ratio）"，即开发权与可开发单元数量相对应，如规定建

158

一栋建筑，即分派1份开发权。送出区的用地类型和经济环境等也会影响到开发权的分派，其开发权的分派值也差别极大，甚至同一地区中开发权的分派率也不同，如美国新泽西州松林地保护案中，对农地的分派率是4.9英亩/开发权，湿地为49英亩/开发权，其他保护地是9.8英亩/开发权，矿藏地区则没有开发权分派。

（3）接收区的容积率双重上限设置：对于容积率接收区，是否能够通过增加的容积率吸引到开发商进行公共设施建设是关键要素，接收区的密度奖励可以有效增加送出区未使用容积率的市场需求[205]。美国政府设置双重上限（图5-9）：一个基本的开发强度控制及适用于使用容积率调控时的奖励容积限制。奖励容积的形式较为多样，如额外增加的居住密度或住宅单元数、商业区的建筑面积（如华盛顿州的雷德蒙德（Redmond）市）、额外增加的建筑高度（如华盛顿州的伊瑟阔（Issaqua）市）、额外增加的地块覆盖率（佛罗里达州的迈阿密—达德（Miami-Dade）郡）等。

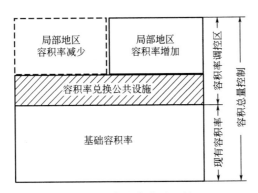

图 5-9　容积率流通区间

（4）送出区与接收区之间的利益兑换：接收区与送出区地点不同，使土地及上空空间的财产价值不同，一般情况下，只有在保证送出区与接收区的业主都获益的前提下，容积率调控计划才能执行，但如果要实现可转让容积率在送出区与接收区的市场流通，需要在两个地区建立出基本的容积率价值转化关系（见图5-7）。这个转化关系直接影响到送出区与接收区的业主是否会获利，因而直接关系到私人资本参与的积极性。美国政府主要通过三种方式建立：第一种是降低接收区的区划密度，开发商在正常开发条件下无法满足利益所得，必需参与到容积率调控计划中才能获利，例如旧金山市将原有中心区区划的容积率限制从16∶1降到14∶1，其余的2∶1由参与容积率奖励或转让来获得，进一步扩大了开发商对额外容积率的购买需求。第二种方法是增加容积率的奖励额度。但这并不意味着容积率的奖励额度越大，调控计划就越会成功，著名的管理学之父泰罗在提出"胡

159

萝卜与大棒"理论时，曾对企业管理中"胡萝卜"的给予量进行过分析，他通过试验指出，对工人工资的增长幅度最大为 60% 最为合适，如果奖励幅度过小，则不会增加工人工作的积极性，如果过大，则为企业家带来损失[78]。美国纽约政府在 1960 年代末的剧院奖励措施中，曾经组织专家组与开发商进行过综合测算[146]，最终提出容积率红利的最大额度为原有容积率控制的 20% 最佳。目前这种奖励额度可再细分为两种方式：一是不涉及市场交易、产权交换的情况下，通过绩效得分形式实现，如纽约、西雅图都通过积分形式将城市待建的公共空间与公共设施进行分级，开发商按照积分领取奖励容积率。二是在涉及交易的情况下，主要通过建立开发信用（development credit）的形式来实现。开发信用的通俗理解是一个容积率或开发权的可进行流通的"虚拟货币"，由政府按照规划政策与市场需求规定比率，如新泽西州松林地委员会设定了 1 个开发单元＝1/4 个开发信用，也就是说在送出区获得一个开发信用，在接收区可建设 4 个开发单元的住宅。第三种方法是价格差额，由于一般情况下送出区的地价较低，因而开发商在送出区购买开发权之后，再用于地价较高的接收区，将容积率转化为物质空间，可以获得更高的回报率。

4. 建立容积率交易机制

容积率交易机制是指由政府或由政府授权的相关机构所设立的用于交易容积率的基础平台，也是实施容积率数量调整的主要途径。容积率交易机制的建立主要包括三方面内容：一是建立容积率交易市场、二是建立容积银行、三是明确交易程序。

容积率交易市场主要是政府通过对容积率交易双方的产权调控来提升实施容积率转让的机会。容积率交易的转让人与受让人可通过私下协商和市场交易两种方式进行交易。近几年，私下协商方式较少，主要使用开发权市场进行交易。在容积率交易市场中，容积率被以开发权或开发信用的方式进行标价与交易，开发权的价格受到市场条件影响，同一地区的不同时间的开发权（TDR）价格不一定相同，例如，华盛顿州的国王郡，2007 年，一份乡村 TDR 可兑换 2 个城市开发单元，市场价值为 2.6 万美元，而一份 TDR 可兑换 1 个城市开发单元，市场价值为 1～1.5 万美元（图 5-10、图 5-11）。有些地区为了维护容积率交易市场的稳定性，常常在建立容积市场之后再设立容积银行，将政府的运作资金融入容积率交易市场，这样可以加强政府的调控力度，提升未使用容积率的交易机会。

为了创造出更为公平与完善的容积率交易环境，美国政府需要建立起明确的容积率交易程序，良好的交易程序有利于营造一种三赢的局面：转让方可以通过出售未使用容积率而获得补偿，同时仍然可以使用产权束中的其他

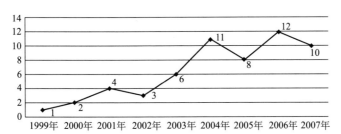

图 5-10 国王郡容积率转让交易数量（1999~2007 年）[206]

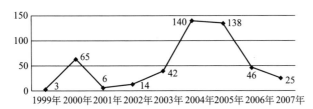

图 5-11 国王郡开发信用交易数量（1999~2007 年）[206]

权利；受让方可以在购买开发权之后获得额外利润；政府在促进双方交易过程中可以节省大量建设开支，减少征地费用。但是，由于各州及地方政府所颁布的地方法规各不相同，因此容积率交易程序的内容也各具特色，但主要内容基本涵盖以下几个方面：①申请程序——参与交易的双方可以提供交易申请，由政府进行审批；②价值评估——规划委员会需要介绍待出售容积率的授权及交易情况，同时会授权一些土地资产评估师对待出售地块上的未使用容积率进行市场价格评估，为容积率交易双方提供市场依据；③契约签订——当申请通过后，交易双方可以通过契约的形式签署合同，实施容积率交易；④存档程序——在双方交易之后拟定契约，并由第三方政府进行公正与存档，作为永久性记录；⑤上诉程序——如果参与者认为受到了不公平的待遇，可以向政府专门设立的规划委员会提出上诉，同时需将参与交易容积率的价格、出售的期限、交易双方的名字提交给规划委员会，由规划委员会进行审核。

5.1.3 容积率调控体系框架的组合模式

一个系统的基本结构包括元素与关系，容积率调控技术体系由基本技术与技术秩序组成，由技术与秩序建立起多种组合形式，适用于不同开发条件和不同空间尺度的容积率调整。

1. 容积率调控的基本技术

一个完整的技术体系中除了建立秩序之外，另一个组成部分是系统中的元素，也是系统中不可再划分的最小单位，在技术体系中构成最基本的容积率调整方法。一个地区最基本的容积率调整方法可概括为两种：容积率增加方法与容积率减少方法。由于美国规划体系中将容积率视为一种空间财产，因而任何开发地块在容积率调整过程中理论上整体开发利益是维持不变的，因而容积率增加伴随着利益的移出，容积率减少伴随着利益补偿。但是在地块中建设公共物品除外，由于市场经济对公共物品失灵，需要使用额外容积率进行兑换，又衍生出一种容积率增加方法，总体上容积率调控技术体系中的基本调整方法包括三种：容积率兑换公共物品、容积率增加与利益转出、容积率减少与利益移入（表5-2）。以上三种方法分别适用于不同的开发地区，容积率兑换公共物品的方法适用于缺少开发需求、需要注入资金建设的地区，或是缺少公共设施、需要政府财政补贴的地区，政府通过奖励一定量的容积率，吸纳私有资金来完成公共建设的任务；容积率增加与利益转出方法适用于具有高开发潜力的地区，这些地区通常位于城市重点建设地段，可以容纳额外的开发强度；容积率减少与利益移入方法适用于具有高度保护价值的地区，需要限制开发强度，因而需要将此地的开发潜力转移出去。

容积率调控体系框架下的基本调整方法 表 5-2

容积率兑换公共物品	容积率增加与利益转出	容积率减少与利益移入
适用地区： 缺少开发需求、公共设施及空间的地区	适用地区： 具有高开发需求、需要增加开发潜力的地区	适用地区： 具有资源价值、需要限制开发的地区

2. 容积率调控框架的调控模式

在容积率调控技术的实施过程中，上述三种基本技术应用于不同空间尺度下，随着地块产权关系的变化，可以形成多种组合方式（表5-3）：当不涉及产权交易时，可由政府在执行辖区内主导实施上述三种基本技术。在这种情况下，由于没有产权交易发生，因而容积率调整过程中不会引起很大的利益冲突。但随着容积率调整范围的扩大，涉及两种及两种以上的产权关系时，容积率调控技术的组合模式更为复杂，根据适用的空间范围与市场需求，可以进一步细分为协商型、捆绑型、综合型三种调控模式，以下就这三种容积率调控模式进行简要分析[184]。

容积率调控技术的可能组合形式　　　　　　　　　　　　表 5-3

技术组合形式	容积率增加方法		容积率降低方法	技术调控体系
	容积率红利	容积率移入/利益转出	容积率转出/利益移入	
基本技术（产权A）	容积率→公共物品	政府→容积率↑→利益↓	政府→利益↓→容积率↑	政府指定
	容积率→开发动力	组合:容积率↑利益↓→产权A→利益↓容积率↑（容积率总量不变）		
两产权技术组合（A/B）	产权A或B	产权A:容积率↑→A→利益↓	产权B:利益↑→B→容积率↓	协商/市场
	容积率→开发动力	A/B组合:容积率↑→A→利益→B→容积率↓		
	加入容积率红利组合:容积率红利+容积率↑→A→利益→B→容积率↓+利益↑			
多产权技术组合（A/B/C/D）	产权A/B/C/D	产权A:容积率↑→A→利益↓	产权B:利益↑→B→容积率↓	政府综合调控（市场/容积银行）
		产权C:容积率↑→C→利益↓	产权D:利益↑→D→容积率↓	
	FAR红利→利益↑ FAR红利→开发动力	A多次转让容积率组合:容积率↑→A→利益→B→容积率↓ →利益→D→容积率↓		
		D多次接收容积率组合:容积率↑→A→利益→D→容积率↓ 容积率↑→C→利益→		
	加入红利A多次转让组合:容积率红利+容积率↑→A→利益→B→容积率↓+利益↑ →利益→D→容积率↓+利益↑			
	加入红利D多次接收组合:容积率红利+容积率↑→A→利益→D→容积率↓+利益↑ 容积率红利+容积率↑→C→利益→			
	多产权交易组合:容积率↑→A→利益→D→容积率↓→利益→B→容积率↓ 加入红利多产权交易组合: 容积率红利+容积率↑→A→利益→D→容积率↓→利益→B→容积率↓			
	建立容积银行组合:容积率↑利益↓（A+B）→[容积银行]→容积率↓利益↑（C+D）			

（1）协商型调控模式：协商式容积率调控模式适用于局部地区的小尺度空间范围，是指由政府制定容积率调控的制度框架、明确转让的责权范围，如划定开发权的送出区与接收区、限定容积率上限等；土地产权所有人可以在规定范围内自行进行容积率交易的一种模式（图 5-12）。容积率转让初期，双方可以通过协商方式拟定转让合同，共同呈交给政府相关部门进行审核；开发权转让之后，送出区的转让方将开发权售出，不得再进行任何开发活动，产权束中其他权利得以保留。由于转让双方具有自由选择权与交易权，使转让形式更为多样，送出区转让方可以保留、部分或全部出售所持有的开发权；接收区的受让方也可凭开发需求选择购买来自于不同地区的开发权或维持现状。但也是由于这种模式受市场的影响较大，使容积率交易缺乏稳定性与持

续性，同时转让过程中涉及大量个人产权而造成地块零散布置，也会影响到空间资源的整体优化效果。因此，协商性转让模式通常适用于城市中同一街区或是相邻街区范围内，可提供给市场较为稳定的操作条件，如相同的土地使用性质及价值、相近的空间环境等[206]。

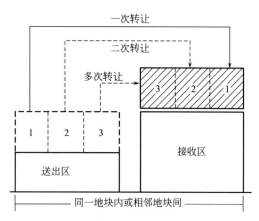

图 5-12　容积率调控体系的协商模式

（2）捆绑型调控模式：捆绑型容积率调控模式也可称为奖励模式，适用于城市内特定的需要保护或更新开发的地区，是指在城市中一些急待更新而因产权关系复杂、改造成本巨大等因素难以实施的地区，政府可将这些旧区与城市开发新区进行捆绑共同开发，同时引入一定的奖励办法吸引开发资金注入的模式，其中的更新区可视为开发权的送出区，与之捆绑的开发新区可视为接收区，而奖励办法可以是一定程度的税费减免或赋予额外的开发强度（图 5-13）。这种调控模式有利于营造一种"三赢"局面：使城市旧区重新获得了复兴的机会，使政府大大节省了旧城改造的成本，也使开发商得到了双重收益。但政府对奖励"量"应予以慎重评估与把握，过低的奖励不能引起开发商进行双向投资的兴趣，但奖励过高又可能会造成对空间环境建设的负面影响。由于捆绑型转让带有一定的政策调控导向，政府常将其用于城市中

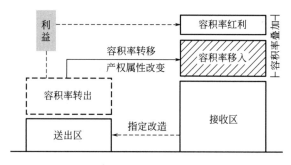

图 5-13　容积率调控体系的捆绑模式

缺少开发机会或是缺少必要公共设施的地区，同时也增设了多样的奖励项目及多种奖励额度来吸引开发商。例如，美国纽约克林顿特区（Special Clinton District）规定，一般开发项目的法定容积率为10，若提供低收入住宅，可提高到12，若在第42街投资剧院，则可以提升到15。波特兰市将公共艺术剧院、零售商业等福利设施建设与中心区办公建筑开发进行捆绑，增建的福利设施反过来使地价升值，项目开发获得了巨大成功。

（3）综合型调控模式：综合型调控模式适应大尺度空间范围，调控范围可跨越几个行政辖区，是指在容积率流通过程中以政府干预为主导的管理模式，通过政府对一定范围内时间、地点、空间的调控，实现一定区域内的空间资源协调与整体利益平衡（图5-14）。如美国加利福尼亚州的博尔德郡联合七个城市制定开发权转让计划共同保护生态敏感区。新泽西州松林地开发权转让计划跨越了60个辖区。综合型调控模式按政策干预程度划分，可再细分为两种类型。一是中介性调控模式，具有稳定的市场基础，一般通过设定容积银行来实现。容积银行类似于信息管理的数据库，政府收集开发权的交易信息进行公示，并根据市场需求对开发权价格及转让要求作适当干预。美国加利福尼亚州从1985年开始致力于通过官方力量实施州内资源用地的保护计划，到1995年，全州建立的保护银行（conservation bank）已超过40个。其中，圣地亚哥郡（San Diego County）的卡尔斯德高地保护银行（Carlsbad Highlands Conservation Bank，CHC Bank）成为实施容积率储存技术的典范。通过CHC银行的良性运作，使圣地亚哥郡内超过800英亩的资源用地被保护起来，并有效带动了周边地区的经济发展。二是强制性的转让模式，多实施于城市中限制开发的历史古迹区、生态敏感区、水源保护地等需要保护的空间资源地区。强制性模式是指在政府指定的范围内实施开发权转让，其中送出区的开发权必须转让到指定的接收区中，转让之后送出区的所有权人可获得一定的经济补偿，但同时要承担维护或重建送出区建筑或环境的义务。

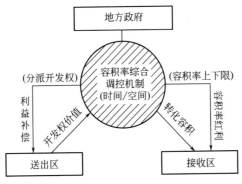

图5-14　容积率调控体系的统筹模式

5.2 美国实施容积率调控技术的综合评价

科学的管理方式可以合理引导市场开发行为，优化空间配置，但是由于空间资源具有不可再生性，一旦容积率管理中出现问题，很可能引起一系列连锁的负面效应。美国容积率调控技术体系的实施以容积率"流通"为基本特征，借助于市场机制来完成空间资源的重新配置。一方面，容积率带有巨大的价值潜力，可以为开发商创造出高收益，另一方面，通过管理容积率也可以创造出灵活多样的空间形态，增强政府的导控能力。但市场具有多面性，借助于市场就必须承担由市场不确定性而带来的巨大风险，因而美国容积率调控技术体系在实际运作中兼具积极与消极两方面的效应。

5.2.1 容积率在美国规划体系中的价值评述

价值观是个体在社会化过程中逐渐形成的对客观事物价值的信念与观点。"容积率"自从在美国开发控制体系中产生以来，一直扮演着多重角色，既是空间容量的衡量指标，又是空间财产的数值表达，还是开发市场中的利益筹码，正是基于这些角色，奠定了容积率调控技术在美国规划体系中的重要地位，因而只有清晰认知容积率的价值属性，才能进一步了解容积率调控技术体系的总体价值。

1. 容积率具有空间设计弹性

从容积率的来源上考察，容积率具有"空间设计弹性"，可进一步理解为空间转化性与设计不确定性，通过容积率的定量调控方式，可以赋予开发商一定的设计弹性，创造出更多适居性场所与开放空间[207]。容积率在产生之前，美国规划管理中对空间体量的控制是采用"立体定限"方式实现，即在宏观层面使用建筑高度与街道宽度比例定限；在微观层面使用建筑红线、建筑高度与院落四周连线建筑形态定限。区划的设计者声称主要目的在于控制拥挤、保护光线与空气的通道、提供适量的开放空间，但是纽约区划研究者，小诺曼·威廉姆斯（Norman Williams Jr）、托尔（Toll）和弗拉德克（Vladeck）分析发现，"立体定限"的控制方式对街道上及建筑周边的光线与空气的通道有效，而对开放空间的设置的影响力度极小[17]。这种控制体系如同工厂中的生产模子，赋予空间产品以标准化的特质，其开发方式如同生产流水线一样，可以最大程度地提高市场开发效率，扩大建筑生产规模，但是也必然伴随着生产结果的雷同性，随着土地区划在地域上的扩张，必然导致空间形态上出现同质化的趋势（见表2-7）。

为了改变这种开发趋同化的现象，从1950年代开始，美国有大量的学者致力于研究增加城市开发中的美学控制方式，例如，哈里森（Harrison）、巴拉德（Ballard）和艾伦（Allen）发现，光线控制无法确保获得足够的开放空

166

间，住宅开发控制不能停留在对墙和窗户的约束上，需要提供另外一种体量控制方式，可直接被冠名为"可获取开放空间的方式"，适用于创造户外的活动空间[129]。也正是在这一时期，"容积率"才开始得到专家的认可，"容积率"一词原本是由托马斯·亚当斯（Thomas Adams）、乔治·福特（George Ford）及其他成员于1931年研究在街道层面创造更大的退后空间时，在借用雷蒙德·胡德（Raymond Hood）的建筑强度理念基础上而提出的[208]，但一直到1950年代末人们真正开始寻找代替传统僵化的空间体量控制方式时才得到业内人士的关注，并被认为是"可能是与住宅开发相关的创造开放空间最有效的形式"。1957年美国芝加哥在综合规划中引入"容积率"，在此基础上，1961年纽约在新区划条例中启用"容积率"代替原有的开发控制方式，并将所有的区划图纸进行更换，同时，容积率调控技术也被一并建立起来，这也进一步验证了"容积率"的产生就是为了合理地放宽地段空间体量的设计要求，用定量控制、定性引导的方式可以创造出层出不穷的空间形态样式（图5-15），这才使得"容积率"指标在美国的规划控制体系中得到全面推广。综上分析，容积率指标具有空间设计弹性，"当仅用容积率时，意味着给开发者以很大的灵活性去决定：是覆盖大部分地块建一座低层建筑物，还是覆盖少部分地块建一座高层的，或者在不超过允许容量的情况下建一组建筑物[32]。"

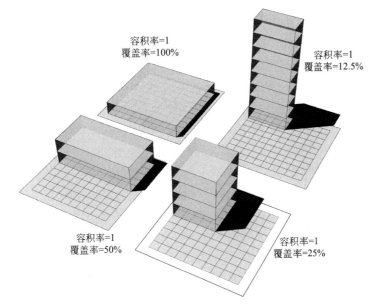

图 5-15　容积率的空间设计弹性

2. 容积率产生空间外部效应

目前的容积率管理中存在一种误区，部分人认为"低容积率就等于低效益、高质量"，"高容积率就等于高收益、低质量"。事实上，容积率数值高低也只是一个相对量，例如，不同经济发展条件下的各个城市中心区的容积率数值各有不同，纽约曼哈顿地区为10～11、香港中环地区为6～10、东京新宿地区为3～4，而北京的中心区的开发强度由于受到历史建筑保护的限制只有2.5，因而城市空间的环境质量并不能简单地通过容积率数值高低显示出来。但是，从容积率的基本概念上考察，容积率是强度指标，表示单位开发地块上可容纳的最大开发量，因而容积率仍然是物质空间形态开发的决定性因素之一，一定量的容积率指标可以转化为不同性质的物质空间。

但是，物质空间具有一定的特殊属性，主要表现为：首先，在当前的城镇化发展速度条件下，"空间"早已经被列入稀缺资源的行列，对空间开发之前的资源价值与开发之后的环境品质要进行理性分析，使开发需求与保护相协调；其次，容积率指标是人为虚拟化的，可对应的物质空间却是真实化的，一旦从容积率数值转化为物质实体或环境之后，这个过程是单向的，并且在很长一段时间内不可逆转的（不包括拆除重建）；再次，建成之后的物质空间环境对周边乃至更大范围地区的空间环境与社会环境产生不同程度的影响，或是正外部性影响，如周边地价升值、公共设施改良、良好的空间与社会环境、稳定的开发市场与政府税收等，或是负面外部性影响，如交通承担加重、环境品质下降、空间蔓延、人口负担加剧等。这些特殊属性最初都起始于容积率的取值，可以说容积率是在自然空间形成物质空间之前的"原材料"，是一切与空间有关内容产生的根本原因，也是各种影响因素作用于空间的支点。政府正是利用容积率的支点作用来实现城市空间建设的引导和调控（图5-16），因而对容积率的制定与调整需要十分慎重，绝不能是个别规划人士"闭门造车"的结果。

3. 容积率影响公私利益平衡

从容积率的调控原理上考察，"容积率"总是被冠以"经济利益指标"的头衔，成为各种利益群体在市场开发中追逐的筹码，这种利益纷争性也使容积率控制成为政府进行开发管理的关键环节。究其原因，主要是因为按照利益分配原则，容积率取值是一个区间范围，而不是一个固定值，这个区间中选择的不确定性导致了不同利益群体的博弈。如图5-17所示，在市场经济条件下，当私有资金的投入与产出达到边际效应时，所对应的容积率为F_2，在这一点上私人利益达到最大（O_2点），但是私人利益达到最大是在忽略所有社会成本的前提下达到的，如果加入社会成本，包括政府的管理成本、环境容受力影响、公共设施等，社会总投入与总产出的边际效应为O_1点，对应的容积率为F_1，这一点代表了公众利益最大化的容积率取值。由于个人利益最大化决策下的容积率需求一定偏向F_2点，高于公众利益最大化的F_1点，因而政府会通过规划手段进行干预，对个人利益进行修正，使最终取值偏向于 F_1 点，在 $F_1 \sim F_2$ 区间选择取值的过程就构成了私人利益与公众利益之间的博弈。

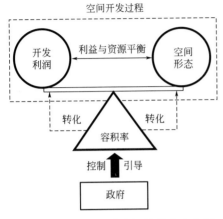

图 5-16　容积率对政府调控的支点作用

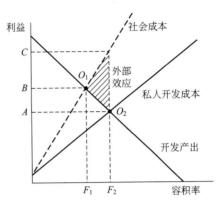

图 5-17　代表公私利益博弈的容积率取值区间

　　正是由于容积率存在利益博弈区间，同时对社会成本的评估也带有一定的主观因素，而使容积率管理更加需要规范化与法定化，严防在关键环节上出问题。美国主要通过将容积率控制与产权约束管理相挂钩，制定容积率就等于划定个人财产权，个人财产权受到严格的法律保护。巴泽尔（Barzel）曾提出，产权有经济性与法律性两个方面。法律性产权是指那些被法律所规定和承认的对资产的权利。经济性产权是指个人对于资产运作其权利的实际能力。这种管理方式等于是将容积率管理的决定权社会化与市场化，而不是由政府单方面来决定。代表公众利益的容积率取值（F_1）是由多位私有业主共同组成的利益群体通过政府的听证会进行商讨或是与开发商协商决定，政府有组织、调停及对最后结果的立法权。这种方式有利于保证容积率取值的公正性，但却部分削减了政府对容积率的绝对控制权。容积率与产权管理相结合的方式是将影响公众容积率的社会成本产权明确化的过程，如果社会成本不明确，很可能出现"公地悲剧"，造成容积率超标、政府权力寻租等问题。

5.2.2　实施容积率调控技术体系的多元效益

　　容积率调控技术在建立完整体系之后，在空间设计、资源保护、利益平衡等城市建设的多维层面综合应用各种容积率调控技术，定位于实现多方位目标的政策实施工具。1987 年，联合国环境与发展委员会（the United Nations World Commission on Environment and Development，WCED）在《我们共同的未来》（Our Common Future）报告中提出了"可持续发展"概念，强调城市建设中应强调"代际平等"，使当代人和后代人都能够享受到高质量的生活环境。在联合国环境与发展委员会影响下，从1990年代开始，制定"可持续发展城市规划"，建立"能够平衡土地使用博弈中参与各方核心价值观的人居环境模式[209]"成为规划主题。规划学者们就这一时期规划的核心价值观问题展开了广泛的讨论，例如比特利（Beatley）和曼宁（Manning）（1997）认为规划的核心价值在于社会实施过程中的真实语境；伯克（Berke）和曼塔（Manta）（2000）曾提出评估规划的可持续发展原则为与自然和谐、多样的建筑环境，适当的经济、公平、污染付费、责任分权等。在众多学者观点中，最能代表可持续发展观理念的规划任务与目标的当属坎贝尔（Campbell）于1996年提出的"规划师三角形"理论模型，也可称为"3E"模型（图5-18）。在坎贝尔的"3E"模型中，三角形的每个顶点代表了可持续规划体系的子目标，即：社会公平，经济增长与效率，环境保护；每个顶点连线部分则代表了实施规划目标的主要冲突，即：在经济增长与社会公平之间的利益冲突，在经济增长与环境保护之间的能源冲突，在社会公平与环境保护方面的开发冲突。"技术问题不是认识问题，而是实践问题"[211]，作为一种产生并发展于新时代的开发管理工具，事实证明容积率调控技术在美国漫长的实践历程中取得了令人瞩目的成果，在解决这三方面冲突问题上都产生了积极的作用，这也是容积率调控技术体系非常值得推广的最主要原因。

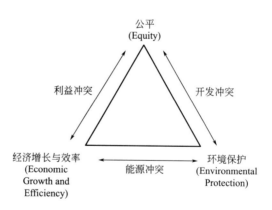

图 5-18　规划师三角形[201]

1. 平衡公私利益，促成多赢局面

在城市建设中，虽然市场开发的经济增长归结于私有资本的竞争性主张，却仍然需要以维护公共利益为目标，因而促进经济增长的私人利益与维护社会机会均等的公众利益常常成为一对不可调和的矛盾。而在此基础上，容积率调控技术可以通过由容积率转化而来的利益，间接地平衡公共利益与私有利益，促成多赢的开发局面。

（1）城市建设中如果过分强调经济增长则会存在市场失灵：作为一个高度市场化的国家，美国社会中一直奉行着"私有利益至上"的主流观点，认为通过私有资本在市场中的自由流通可以自动分配社会财富，达到资源配置优化的效果。这种观点最早可以追溯到 17 世纪。早在 1690 年，洛克（John Locke）就提出了绝对私有论的观点，他认为土地价值来自于实现价值所付出的人类劳动，个人劳动将土地从自然状态转化为私有财产状态，因而私人利益需要受到绝对保护。现实中片面追求私有利益往往会偏离主流的公众意识，造成"市场失灵"现象，在城市建设中难以兼顾环境与资源保护，美国 20 世纪初在区划法出现之前城市环境就是最好的佐证。当时由于钢结构、电梯及大块玻璃窗等科技的迅速发展使美国各大城市的中心区聚集了大批量的摩天大楼，纽约曼哈顿区（Lower Manhattan）的许多建筑物都超过 40 层、50 层乃至 60 层。这些建筑底部的街道终年不见阳光，城市变得越来越稠密，造成城市环境越来越差，严重威胁公众健康，引起了社会各界的强烈不满[124]。

（2）城市建设如果过分强调公平则会导致政府失灵：为了保护公众的健康、安全与福利，政府不得不通过规划及法律手段介入私有资本开发，美国政府主要通过三种方式来介入私有财产使用，一是为了筹钱，向公众征税；二是为了公众目的而向私人征收土地；三是制定与执行区划法[212]。从经济学的角度分析，这三种方式都属于政府的干预行为，矫正市场对公共空间及公共利益的失灵现象，达到资源配置的帕累托最优（Pareto Optimality）。帕累托最优是指一种经济社会状态："不管经济发生何种变化，只要一个人的福利增加而不使其他人的福利减少，整个社会的福利达到了最大"。换句话说，也就是指只要个人的福利增加不会损害他人，就意味着公共利益最大化。这是一种理想状态，现实中的公共政策制定出来而不损害任何人的福利几乎是不可能的[88]，因为政府的政策也存在失灵现象，如果市场失灵是市场机制配置资源所引起的低效率，那么政府失灵就是政府配置资源引起的低效率[213]，如林肯认为的：不管人们提出什么需要，政府的合法目标是为整个人类社会服务，但它并不能面面俱到，换句话说，它不能满足每个人的需要。因而，美国区划法的实施最初是为了避免私有活动对公共财产及公众环境造成损害，最大程度地保证福利分配的公平性，但区划之后的土地却因地块属性、容积率数值等造成不同地区土地价值的巨大差异。此外，由于一些地方政府没有意识到他们有义务确保其区划决策不伤及周边的权利，因此，许多项目叠加累积起来所导致的交通拥挤、空气污染、湿地等资源破坏等问题，在区域范围内不断涌现[122]。

（3）容积率调控技术作为一种补偿机制可以有效平衡公私利益：由于存在市场失灵与政府失灵，无论是市场配置还是政府管制，现实中资源配置的"帕累托最优"都难以达到，因而政府在拟定公共政策对私有开发进行干预时常以是否出现"帕累托改进（Pareto Improvement）"作为评判标准，协调个人利益与公众利益。帕累托改进是指如果某些政策的改变不会对任何人造成损失，并且改善了一部分人的状况，或是对资源的分配进行改进，那么就可称为一种帕累托改进。1930 年代，卡尔多（Lord Nicholas Kaldor）和希克斯（Sir John Hicks）在帕累托改进的基础上提出了"补偿标准"（compensation criteria），他们认为，经济政策的改变意味着价格体系的改变，任何价格体系的变化都可能会使一些人得利，另一些人受损，这就难以判别出政策变化是否增加社会福利，因而需要建立一种评判标准，当在一个计划中，受益者在完全补偿损失者利益之后，至少还有一个人有收益，就可以认为具有"潜在帕累托改进"（Potential Pareto Improvement）[214]。具有潜在帕累托改进就意味着这种政策是有益于公众利益的，可以促进整体的社会福利。规划中对"潜在帕累托改进"的评判就是一种补偿机制的设立，如 1941 年英国著名的厄沃特报告（Uthwatt Report）提出的，规划在使得某些土地获得增值利益的同时，其他土地也会因规划控制而遭受利益损失，在这两者之间必须建立补偿机制和利益平衡机制[215]。容积率调控技术的实质是一种利益补偿手段，可以调节由区划为保持公共利益而造成的对个别私有利益的影响。容积率调控可理解为两种补偿过程，即，或者将"暴增区"的容积率转化为一定的利益，补偿给利益"暴损区"的所有权人，或者将"暴损区"的容积率转移到"暴增区"，补偿开发商的公益支出，在兼顾公平的前提下实现整体公共利益的最优（图 5-19）。如巴瑞斯（James T. Barrese）认为，容积率转让的一个显著特征是如果一个地区由于政府行为获得暴利，这些暴利可被政府重新征回，并作为经济补偿转移给利益暴损者，那么就会存在一个潜在的帕累托，部分

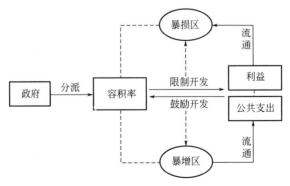

图 5-19　利益从暴增区到暴损区的转移

172

抵消土地用途改变所产生的财富效应[201]。在实施容积率调控技术之后，有利于形成多赢的开发局面，对于私有业主来说，可能获得两种利益，一是限制开发而获得的来自于开发商的补偿，二是享受到公共空间或被保护起来的空间资源；对于开发商来说，虽然提供了公共设施建设资金或是购买了一定的额外容积率，但是相较于获得额外容积率，仍可以维持高额的开发利润所得；对于政府来说，通过设定良好的调控计划，除了必要的交易与管理成本，基本不需要增加政府的公共建设资金投入；对于公众来说，则可以免费享受到被保护的空间资源或历史建筑。

2. 保护空间资源，催生触媒效应

经济发展与环境保护之间的资源冲突似乎是城市建设中永远不可调和的矛盾，一方面，作为一种资源配置的手段，市场经济被实践证明是有效率的[216]，但是市场中的经营者是个别的，经济决策是分散的，由市场经济主导下的城市空间形态会表现出一定的灵活性，因而以市场为主导的开发模式必然促成城市的扩大化与分散化，伴随着城市周边地区环境资源的破坏。另一方面，与市场开发相对应，似乎如果要保护环境资源就必须限制市场开发，两者只能对立，不能协调，土地资源的有限性进一步加剧了两者之间的冲突。随着可持续发展理念的出现，美国规划领域中一直在探索既能够保护资源、又能够促进市场开发的有效引导手段，容积率调控技术属于其中一种。衡量容积率调控计划实施是否成功的关键因素主要包括两个方面，一是能否达到空间资源保护的效果，二是参与主体能否获利。

（1）实施容积率调控技术有效保护空间资源：美国各级政府从 1960 年代开始就认识到生态环境保护的必要性与困难性，由于在市场开发压力之下，土地本身的资源价值与市场开发价值的差距非常巨大，以至于土地业主难以抵挡将土地出让给开发商所能带来的经济诱惑，致使美国城市规模迅速扩大，城市蔓延加剧，城市内大量历史文化建设被新型开发建设所取代。据统计，在 1982～1997 年的 15 年里，美国人口增长了 17%，但土地使用增长了 47%，1990 年代的农用地减少速度是 1980 年代的 2 倍，从 1992～1997 年间，大约有 600 万英亩的农地被转化为开发用地[217]。目前，美国差不多每天损失 4000 英亩的农田与资源用地[218]。面对这种情况，美国很多州及地方政府制定了与本地区资源保护相关的资源调控计划，有效将资源上空限制开发的容积率转移或将其空间权"冻结"，形成空间资源的集中保护与开发，经过若干年的实践探索，取得了相当可观的成就（表 5-4），其中最为成功的当属马里兰州、新泽西州和佛罗里达州等。全美制定的与自然环境、敏感区、森林、湿地等空间资源保护相关的容积率调控计划超过 190 个，大量空间资源被永久保护起来。

地　　区	所属州	截止年份	保护空间资源（英亩）
Caroline	马里兰	2005 年	345
Charles	马里兰	2008 年	4800
Montgomery	马里兰	2008 年	51830
Chesterfield	新泽西	2008 年	2272
St. Mary	马里兰	2005 年	2967
King	华盛顿	2008 年	91500
New Jersey Pinelands	新泽西	2008 年	55905
Palm Beach	佛罗里达	2008 年	35000
Collier	佛罗里达	2008 年	31400
Calvert	马里兰	2006 年	13260
Queen Anne's	马里兰	2008 年	11176
Sarasota	佛罗里达	2008 年	8200
Pitkin	科罗拉多	2008 年	6452
Boulder	科罗拉多	2008 年	5900
San Luis Obispo	加利福尼亚	2008 年	5463
Blue Earth	明尼苏达	2008 年	5360
Howard	马里兰	2008 年	4525
Miami/Dade	佛罗里达	2008 年	4145
Payette	爱达荷	2008 年	4145
Rice	明尼苏达	2008 年	3850
Douglas	纽约	2008 年	3728

（2）实施容积率调控催生触媒效应：空间资源无论是合理保护还是集中开发，一旦空间规划的基本目标实现，都可能会产生新的外生效应，影响到周边土地价值的改变，可以理解为由容积率调控技术的实施创造出的公共设施、公共空间，或是被永久保护起来的空间资源可产生外部效应，影响周围地区的土地价值。著名的明尼阿波利斯公园系统的设计者克利夫兰（Horace William Shaler Cleveland）曾指出："在纽约中央公园成功开放十年来，这里可征税的地产得到了迅速增值，其价值不低于 5400 万美元，在支付为采购、建造而发行的 300 万美元城市债券后，还有盈余。"伊丽莎白·布拉贝克曾在《保护开放空间的经济学》中提出，保护开放空间可以带来巨大的经济效益，作为整体的社区，业主和开发商可以实现这些经济效益，1860 年建设的纽约中央公园就是最好的例证；又如，对科罗拉多州漂石地区的研究发现，绿带

一个街区的房地产价格每年能够增加 50 万美元的房地产税，这笔收入足够在 3 年内偿付全部 150 万美元的购地款。在微观层面，由容积率调控创造出的公共建筑、公共空间可产生触媒效应，对周边环境造成一定程度的影响，如纽约南街港的博物馆保护案，通过博物馆的改造与保护，带动了整个历史街区的发展。到宏观层面，被整体保护的空间资源可产生集聚效应（agglomeration economies），进一步提升空间价值。其次，容积率调整也会引起土地价值的变动，例如，在卡尔维特郡，从 1993～2001 年，TDR 的价格一直呈现上涨趋势，从 1983～1993 年，价格呈双倍速度上涨，但从 1993～2001 年则价格基本平稳。TDR 价格的变化也带动了调控区的房地产价格上涨。

3. 增加公共空间，提升环境品质

马克思曾指出："物与物的关系后面，从来都是人与人的关系。"以获利为根本目的的建筑开发活动主要坚持的是人与人之间的利益唯上，而开发过程中的环境问题常被忽略。正如斯滕伯格（Sternberg）认为的："房地产市场根据非人力的与自主的逻辑进行操作，就是将城市市场根据非人力的与自主的逻辑进行操作，将城市环境分割成自我抑制性的隔离体，由此促生了割裂而非连贯的城市[70]。"因而，市场经济条件下的城市建设过程中，社会公平和环境保护之间存在"开发性冲突"，反映出需要在保护环境与通过经济增长改善贫穷者的居住条件之间进行两难选择，有些人先富起来却牺牲了大多数人的生存环境，有些地区先富起来却牺牲了周边地区的景观环境，在这种情况下，社会底层一般的社会公众需要在经济生存压力与环境质量之间进行取舍，公共活动空间缺失或公共环境被侵占是这类"开发性冲突"问题的核心内容，美国州及地方政府通过制定与实施容积率调控技术计划，有利于政府部门在维护社会利益公平的基础上，创造出高品质的公共空间。

（1）容积率调控技术有效提升社会公平性：在土地私有制主导的美国，州及地方政府对于土地分散性的开发现实没有直接干预权，因而几乎所有较为发达的城市都存在城市中心区高密度开发、城市边缘区低密度蔓延的现象，乔纳森·巴奈特曾将美国的土地开发比喻为玩"大富翁（Monopoly）"的游戏，土地被划分为不同的方格，并标示出地名，玩牌的人掷骰子决定走的点数，如果能停在一块无主的土地上，又有足够的筹码，就可以买下土地，然后再向其他停在同一方格的人收取费用[82]。美国政府制定容积率调控计划，能够实现对城市开发强度的整体分配，重新调整市场开发主导下的城市内外过高或过低的空间开发强度，满足公众利益，从而提高社会的公平性。通过容积率调控计划，可以在寸土寸金的开发地段有效增加公共活动空间，如 2000 年辛辛那提市的商业团体与经济发展部共同制定了非正式的设计复审计划，对于城市中心区内的一些项目适当放宽控制要求，而对中心区住宅开发、历史保护、公共设施等需要低密度开发的项目则通过提高审核要求，实现整体上的平衡发展。2007年亚特兰大市在中心区适居性法案（Downtown Livability Code）中设立了特别公共利益区划（Special Public Interest Zoning），将中心区分为三个区，并在居住区中提供容积率奖励计划，用于建设工作区内的员工宿舍，以此来创造具有24h活力的新型中心区，使人们可以在中心区生活、工作、会面及休闲。

（2）公私合作建设公共空间，提升环境品质：美学是一个过于抽象的概念，在空间设计中需要通过主观判断来决定，如兰德尔·欧图尔所说，一个人看来是美好的东西，而对另一个人则是丑陋的。这就是为什么人们担心讨论空间美学问题时，可能陷入一个含混不清的境况[183]，因而很难将美学设计列入标准化的开发条例中。美国政府采用容积率调控计划，通过对私有资本的利益引导可以对空间环境的建设进行深入而又有针对性的引导，实现三个方面的建设目标：一是达成空间的美学设计要求。正如林奇所认为的那样："开发商如果能提供某种公众需要的使用、空间或优秀设计，或许能获得对某些规划限制的宽限作为回报。在街面层提供公共广场可使开发商突破最大容积率……另一种办法是以政府资金提供广场，或者，如果这些广场对公众利益至关重要，那就干脆要求承建商建造[77]。"二是增加必要的服务设施，如旧金山市在1985年实施的中心区规划中，将城市的公共空间划分为13类，每一类都有关于尺寸、材质、座位、植被、水景、日照、商业服务、开放时间等一系列规定，开发商需要遵循要求才能获得额外容积率，既实现了城市公共多样化的空间设计，又给予开发商一定补偿。三是保存历史文化与保护历史建筑要求。为了避免城市中的历史文化空间受到开发压力的冲击，几乎所有美国大城市的历史建筑保护规划及法案中都设置了容积率转让规则将历史建筑上空的未使用容积"冷冻"起来，使城市的历史风貌特色通过规划与法律手段得以保留。如纽约市于1970年明确规定了所划定的300栋历史建筑均可使用TDR技术，其他城市，如费城、西雅图、波士顿、旧金山、辛辛那提等都有相关的历史建筑保护规定。到目前为止，已有大量历史建筑、历史街区被保留并维持运营。

5.2.3　实施容积率调控技术体系的局限讨论

综合上述分析，容积率调控计划的制定及调控技术的实施可以解决城市开发与建设过程中的若干困难，符合"可持续发展"规划理念的基本原则，但是，任何应用技术或管理技术都不是万能的，都存在一定的进化空间，容积率调控技术及技术体系也是如此。容积率调控技术产生并发展于高度发达的市场经济条件之下，在技术应用过程中需要成熟的市场环境与完善的法律制度作为基本保障，但现实中的理想条件却难以实现，因而美国各个城市在应用容积率调控技术中也存在着这样或那样的局限性，使容积率调控技术难以发挥最大的作用，表现在以下几个方面。

1. 借助于市场具有不确定性

容积率调控技术体系的实施依赖于政府调控与市场运作的相互配合，但市场这只"看不见的手"，具有不确定与不稳定性，市场需求的高低直接影响到调控技术体系实施的完整，容积率调控计划曾被人认为，"虽然已经发表了1000期的研究文章，但却没有任何实践"[219]。就美国的情况来看，容积率调控技术体系成形于1970年代末，虽然到目前全美已经实施与容积率调控相关的计划超过200个，但各地区的经济发展状况不平衡，因而到目前成功的案例只有几十个（表5-5）。

美国部分地区的容积率调控计划实施情况 [154]　　　　表 5-5

序号	市、郡或特殊地块	州	实施年代	转让数量	保护面积
1	圣路易斯比斯波郡（San Luis Obispo County）	加州	1980s,1996	N. a.	N. a.
2	大德郡（Dade County）	佛罗里达州	1981	N. a.	N. a.
3	库比蒂诺（Cupertino）	加州	1984	30-40	N. a.
4	洛杉矶（Los Angeles）	加州	1975,1988	3-4	N. a.
5	旧金山（San Francisco）	加州	1960,1985	10 以上	N. a.
6	丹佛（Denver）	科罗拉多州	1982,1994	3	N. a.
7	华盛顿（Washington D. C.）	华盛顿特区	1984-1991	11 以上	N. a.
8	纽约（New York）	纽约州	1968	N. a.	N. a.
9	西雅图（Seattle）	华盛顿州	1985	9	N. a.
10	长岛松林地（Long Island Pine Barrens）	纽约州	1995	0	0

注：N. a＝没资料或没应用

约翰·科斯托尼斯教授就曾描述过美国政府的调控技术实施情况："1933年，美国有12000个列入历史建筑鉴定的建筑，其中有50％被破坏……美国政府曾采取了一系列调控性区划手段来试图拓展对私有土地控制的杠杆作用，并在中心区实施了一些修复性开发，虽然政策鼓励对这些地区进行开发，却不得不面对市场缺少需求的阻碍[156]。"容积率调控技术的实施既需要借助于市场运作，又受制于市场需求的影响，使容积率调控计划的实施不具有稳定性，面临着一定的操作风险。

2. 调控规则需要不断调整更新

由于市场运作的不确定性为容积率调控规则的设定带来困难，在容积率调控技术体系的确定过程中，地区选择、容积率调整量的确定及城市建设目标等一系列实施条件都在不断调整，这就迫使调控性规则不断更新，为调控计划的制定与实施管理带来一定难度。

同时，市场具有一定的地区性特征，调控性规则难以出现标准化的形制，所以在美国的容积率调控计划中，几乎没有相同的调控规则。例如，旧金山、西雅图、波士顿在城市发展中，都限制城市建筑物的整体高度，容积率调控技术应用过程中需要极力地限制红利额度，促进地区内转移；而圣保罗、丹佛市需要振兴城市历史建筑保护，容积率调控需要关注于历史上空的未使用容积；亚特兰大市需要建设城市的娱乐中心，则需要考虑怎样能够增加中心区的活力，提高人口密度等。再者，由于调控规则的不确定，如果调控性规则设置不当或是缺少宏观层面对总体开发量的把握，很容易造成不良后果，甚至是影响到整个房地产市场的平稳。1985 年，西雅图建设了华盛顿互助储蓄银行（Washington Mutual Savings Bank Building），由于开发者遵照西雅图奖励区划条例的规定，在开发时建造了雕刻而成的塔尖、室外扶梯、看护儿童设施、零售区、室内休息室及室外广场，而获得了 28 层的建筑面积奖励，使建筑高度从原有的 27 层增加到 55 层（图 5-20），这一结果遭到所有公众的一致反对。

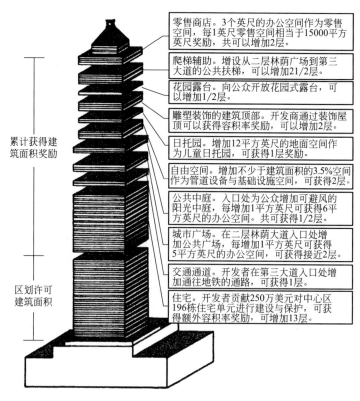

图 5-20　华盛顿互助储蓄银行的累计奖励结果

3. 无法独立运作，需要与其他政策相互配合

容积率调控技术在形成较为完整的技术体系之后，需要考虑经济、社会、人口、资源环境等多方面内容，包括确定空间资源、建立转让市场、促成转让交易等多个阶段，这些阶段之间关系密切，相互影响，每个阶段都是一项综合性的工作，需要多个部门协同运作，甚至有时需要除规划部门之外的交通、卫生、教育、住房、能源、环保等各个部门参与。同时，调控计划的实施也有赖于政府财政、税收以及经济政策等手段的配合。例如，在卡尔维特郡中，除了制定基本的容积率转让计划之外，郡政府还同时启动了购买与退还计划、马里兰农地保护基金、马里兰环境依托等计划与政策，与容积率调控计划共同实施，相互配合，共同完成农地保护的目标（表5-6）。再者，严格的法律制度及执法保障十分重要，要能够保证空间资源调整过程中各方利益的平衡、城市空间形态的和谐，否则不但不能实现城市建设的预期目标，还会给城市造成难以弥补的损失。

卡尔维特郡的土地中使用的工具（2005年12月31日）[220]　　　表 5-6

工　　具	保护土地（英亩）
容积率转让计划	11901
购买与退还计划（PAR）	3249
杠杆与退休计划（LAR）	1776
马里兰农地保护基金	4493
乡村遗产计划	1635
马里兰环境信托资金	713
总计	23767

5.2.4　美国容积率调控技术的国际影响

容积率调控技术从美国规划控制体系中产生并沿用至今，不但对美国本身的规划管理制度发展起到重要的推动作用，对其他国家的规划管理体系改革也产生了巨大影响，意大利、印度、加拿大、日本、荷兰、澳大利亚等，这些国家或是将容积率调控技术直接引入到本地区的规划控制体系当中，或是将容积率可以奖励及交易的思路借鉴到原有规划管理中加以本土化。在所有借鉴并应用容积率调控技术的国家当中，在本国规划管理制度建立起系统化的容积率调控技术框架的主要包括加拿大、日本及我国的台湾地区。

1. 在加拿大的应用

加拿大与美国一样，也是一个联邦制国家，其规划管理制度是在借鉴美国区划控制体系的基础上发展起来的，因此规划管理的实施范围及内容与美国规划体制十分相似，主要表现出以下几方面特点：在联邦体制之下，城市规划的立法权归省及地方政府；各个省内有关规划的立法有几十项，不同的规划法律之间相互衔接，形成较为完整的规划立法系统；规划法律法规的制定过程融入了公众参与部分[221]。

　　除此之外，加拿大的开发控制制度经过多年的规划实践，已经发展出一些与美国规划体系不同的独立特色，包括：美国区划法称为区划法令（Zoning Ordinances），在加拿大被称为区划法规（Zoning by Law）；在开发管理方式上采用依法裁量与行政裁量相结合的形式，美国区划法的管理方式主要依靠法庭裁定，在诉讼裁决方面需要花费大量的时间和费用，而在加拿大的政府结构中，规划官员在解释区划法规内容方面具有一定的自由裁定权，但仍需要以区划法规控制为基本前提；在开发控制程序上，加拿大采用的是"一个窗口"的办法，即规划部门既有开发建议的审议权，也是咨询协调者，还是其他相关政府机构审查的协调者。开发商和审议机构可以在相关的规划部门不在场的情况下进行谈判，但谈判结果需通过规划部门的渠道获得市议会的批准。

　　在这个与美国的开发控制体系基本相似的前提下，加拿大规划体系中的容积率弹性管理方法也基本参照美国容积率调控技术的操作思路来运作，但其应用范围并没有全面展开，主要偏重于历史遗产保护规划层面[222]。从1910年开始，加拿大的联邦政府就开始致力于研究历史遗产保护的有效制度与方法，1919年设立加拿大史迹及纪念物审议会，作为历史保护专项研究的咨询机构，因此加拿大政府在历史保护相关的法律制度或是管理制度执行方面都已经相当成熟，这为容积率调控技术的引入奠定了良好的操作平台。1970年代末，容积率调控技术在美国的应用逐渐趋向于体系化之后，很快便被引入到加拿大的历史保护规划当中，作为主要的历史建筑及街区保护技术，主要思路为：将被指定为历史遗产的建筑或街区与容积率奖励相联系，如果开发团体可以参与到保护或改造历史遗产计划中来，便可获得一定额度的容积率奖励。但是，如果在保护或改造过程中需要拆除或改变指定历史建筑的外观或是结构，必须获得历史遗产改变许可（Heritage Alteration Permit）才能执行。具体的容积率奖励或转移的数量需要与历史建筑的价值相联系，例如在温哥华的历史遗产保护计划（Vancouver Heritage Conservation Program）中，政府部门通过历史遗产登录对历史遗产的价值进行评估，再分别赋予不同的奖励条件与保护方式（表5-7）。

历史遗产登录	历史遗产管理规划		普及、启蒙计划
	奖励条件	保护方式	
A 评估	放宽区划规定	历史遗产再生协议	提供信息
B 评估	放宽详细条款规定	历史遗产变更许可	每年的历史遗产保护表彰
C 评估	放宽停车场条件规定	历史遗产检查	历史遗产标识牌计划
指定项目	容积奖励及转移	影响评估	
计划 A		临时保护	
计划 B		暂缓批准、许可	
		历史遗产控制时期	
		历史遗产维护基准	

2. 在日本的应用

日本人口众多，土地资源十分紧张，因此从很早就开始探讨土地与空间规划的有效利用方式与管理制度。自 1960 年代起，日本学者开始关注美国的土地与空间利用及管理制度。1966 年，日本的法律体系中明确了"空间权"的法律地位，1983 年，日本经济企划厅提出了容积转移及分割空中利用权以实现空间活用的对策，这些都为日本进一步利用 TDR 技术进行城市物质空间建设奠定了良好的基础。到 1980 年代中期，日本建设省空中权调查研究会在吸收美国容积率调控技术实施经验的基础上，将容积率转移、奖励的基本思想融入本国的规划管理体制，发展出偏重于局部地区应用的特定街区、综合设计制度中的一团地认定、容积奖励等与容积率弹性管理相关的管理制度[119]。

（1）特定街区制度：日本从 1980 年代中期制定的与空间权管理相关的法律法规中开始实施"特定街区制度"。按照日本《都市计划法》的规定[224]，所谓特定街区，是指为了使城市街区内的整体设施改善，在进行整治或新建街区的某些特定地区内，对于容积率、建筑高度的最高上限、建筑外立面位置等都有特殊规定。简单来说，日本规划法规中规定的特定街区是指那些在规划中被设定为需要重点开发或重点改造的街区。在特定街区之内，容积率调控技术的实施主要是指两个地块的所有权人之间对未使用容积率的交易，可具体细分为两种情况：一种是在特定街区内所有权人的容积率交易，被称为街区内转移，另一种是两个特定街区之间的容积率交易，被称为街区间转移（图 5-21）。

（2）一团地认定制度：从 1970 年代开始，日本政府在修改建筑基本法时，创设出了"综合设计及市街地住宅综合设计制度"，可简称为"综合设计

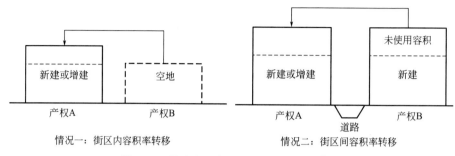

情况一：街区内容积率转移   情况二：街区间容积率转移

图 5-21　特定街区制度中的容积率转移[224]

制度"[119]，主要目的在于更新与改造城市，整合城市中零碎的地块，重新考虑现有建设地区的开发强度与建筑高度。在综合设计制度中，与容积率弹性管理相关、最有效的一项制度为"一团地认定制度"[225]。"一团地"，可理解为承载建筑物或构筑物的一团土地，也就是一个单元的建筑基地。在日本的建筑基准法中是以每单元建筑基地为基本的开发地块，在每个基地上设定出该块基地的开发规定，如用途、高度、形态等。原有法规中规定每一个基地只能建设一栋建筑，但是，由于每块基地的面积大小不一，开发规定不同，有时就出现了一块基地上可建几幢建筑的情况。在这种情况下，可以使用"一团地认定制度"，当相邻地块被认定为"一团土地（一个开发基地）"时，在开发基地内有新开发或是建筑更新时，只要最终协商的开发方案达到建筑基地上的所有规定，相邻土地的所有权人才可以通过容积交易的方式协商，共同开发一块建筑基地（图 5-22）。

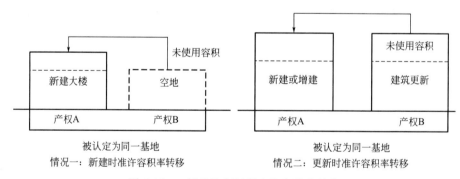

情况一：新建时准许容积率转移   情况二：更新时准许容积率转移

图 5-22　一团地认定制度中的容积率转移

（3）容积奖励制度：1970 年，日本政府在修改建筑基准法过程中加入了容积奖励技术，规定建筑基地之内需设置不低于地块面积 20％的公共开放空间，如果开发商对开放空间设置的比例高于这一数值可以得到一定的容积奖励，或是更宽松的建筑高度限制，甚至可获得融资的推荐。这一做法的主要目的在于增加城市内的活动空间，促进城市机能更新，这一制度的实施有效地促进了日本开放空间的建设，至 1986 年 5 月为止，仅大阪和神户两个城市就已经有 200 多个项目利用这一技术增加了开放空间。

3. 在我国台湾地区的应用

我国台湾地区从 1980 年代开始在借鉴美国容积率调控技术的基础上，发展出具有一定台湾地区特色的管理制度。在台湾地区相关的法律法规中，容积率转移或转让技术被称为"容积移转"（为符合中国大陆写作文法，以下称为容积转移），是指法定范围内原属一宗土地（送出基地）上未开发的建筑面积，转移至其他土地（接收基地）上进行开发建设[226]，其中的"容积"也就是用于空间开发的建筑面积。台湾地区应用此制度的主要目的是为了保护城市中有价值的历史古迹建筑，由于原有古迹保护法中某些限制性条款，如 1982 年颁布的《文化资产保护法》中规定"古迹应保持原貌，不得随意变更且不得随意拆除"，使古迹地区所有权人的利益严重受损，为了兼顾古迹保护与公众利益，台湾当局内政管理部门开始着手研究开发管理中的经济补偿手段，引入并针对具体操作环境发展了美国容积率调控技术，主要内容如下：[227]

（1）容积率转让区设定：台湾地区的容积送出基地可归纳为三种类型（表 5-8）：历史资源保护区，包括文物古迹区或由官方认定有保存价值的地区；城市公共空间，包括由土地所有者主动提供的，且面积大于 500m² 的地区；公共设施保留地，包括《台湾都市计划法》中规定的用于建设道路、公园、学校等公共设施的可建设用地。当这些区域由政府相关部门进行价值评估认定后，便可成为受法律保护的可转移容积储存区。容积接收基地与送出基地相对应，其范围划定较为宽泛，是指各城市中除送出基地之外的所有容积率管制区，覆盖所有都市计划区、都市更新区等。

台湾地区容积转移相关法律规定送出基地与接收基地类型[228,229]　　表 5-8

	送出基地	接收基地
《都市计划容积转移实施》办法（2004 年）	应予以保存或经直辖市、县（市）主管机关认定有保存价值之建筑所定着私有土地	以同一都市计划区范围内之其他可建筑土地建筑使用为限
	提供作为公共开放空间的可建筑土地（形态完整，面积不小于 500m²）	当情况特殊时，可转移至直辖市、县（市）之其他主要计划区
	私有都市计划公共设施保留地	
《都市更新条例》（1990 年）	更新地区范围内公共设施保留地\依法应予以保存及获准保留之建筑所坐落之土地或街区，或其他为利用之土地	当送出基地位于实施都市更新地区范围时，对应的接收基地为同一更新地区其他可建筑基地
《文化资产保存法》（1990 年）	经指定为古迹之私有民宅、家庙、宗祠所定着的土地或古迹保存区、保存用地之私有土地	同一都市计划区
		区域计划地区之同一乡镇（市）

	送出基地	接收基地
《古迹土地容积转移办法》(1999年)	实施容积率管制地区,经指定为古迹之私有民宅,家庙、宗祠所定着的土地或古迹保存区、保存用地之私有土地	以同一都市主要计划区范围内之其他可建筑土地使用为限,直辖市、县(市)主管机关可指定移入地区
	因古迹之指定或保存区、保存用地之划定、编定或变更,致其原依法可建筑之基准容积受到限制部分	当送出基地位于非都市计划时,其可移出容积已转移至同一乡(镇、市)之任一宗可建筑之非都市土地

（2）主要实施步骤：台湾地区的容积转移可概括为三个具体实施步骤进行：基本规则制定与转移范围划定；转移申请计划提交；政府相关部门计划审查与执照发放及具体容积转移计划实施（图 5-23）。首先，政府部门制定基本的容积转移办法与作业流程，并根据城市发展需要与风貌特色要求，划定实施容积送出与接收基地。其次，在容积转移实施范围内，送出及接收基地的所有权人可依据自身需求参考基本的转移原则自愿加入容积转移制度中，并提交相关的申请计划书。有时转移双方会借助于私人中介部门与政府沟通，递交计划申请书，包括送出基地上要求保护的建筑或空间资源的性质、修护经费、接收基地上的需要转移容积量和基本的开发意向等。第三，申请书由政府相关部门审阅通过后向申请人颁发容积转移执照。转移双方申请人在获得政府的执行许可后，即可实施具体的容积转移。

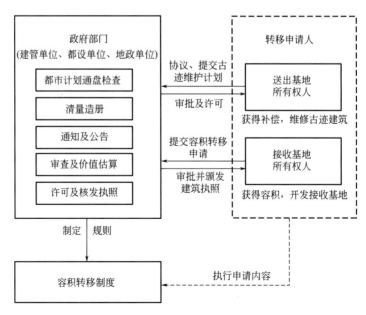

图 5-23　台湾容积转移机制实施步骤

（3）台湾容积转移的实施框架：台湾地区与容积转移制度相关的规划法律法规可概括为三个层次：地区级总体概括，专项级局部约束，城市级详细规定。地区级法规面向整个台湾地区的空间资源，具有普适性的特点，在都市计划区及城市更新区内设定基本的转移操作规则与价值转换公式等。专项级法规针对有价值的文化资产保护区制定约束条件，包括都市计划区及非都市计划区。专项级法规的执行需由古迹保护部门先对历史建筑或保护街区的价值进行评估，再由规划部门进行具体的容积转移操作。城市级法规主要由地方政府来承担法规的制定与执行工作。目前，台北市、台中市、高雄市、台北县等台湾的各级市、县均设置了相应的容积转移办法，有些城市还专门针对城市中的特色街区设置了具体的转移办法，如台北市的《大稻埕历史风貌特定专用区容积转移作业要点》、台北县的《17处都市计划区之土地使用分区管制要点》[230]。由于地方政府面对的是具体的实施案例，在实际操作过程中政府与地区所有权人及开发商直接协商，因此该种类型法规的制定与执行具有一定的弹性。

在实践中，台湾地区最成功应用容积转移制度的案例是台北市大同区大稻埕历史街区保护计划。大稻埕地区具有百年的历史，是台湾商业文化的发祥地之一。2000年台北市政府开始着手通过容积转移方式实现街区历史风貌的整体保护。截至2008年12月，台北市共实施容积转移案282件，其中大稻埕地区的古迹保护案有234件，占总数的83%，应用于都市计划及公共设施用地取得的仅为4件（图5-24）。目前，大稻埕街区的历史保护工作仍在继续，并已经成为整个台湾地区利用容积转移制度进行古迹保护的典范。台北大稻埕历史街区容积转移制度的成功主要得益于容积转移制度在设计之初具有较为科学的基础实施框架，包括：在街区地块划定与专案法规颁布之前，台北市政府与大稻埕地区居民共同协商，不断修正法规，使颁布的相关法规内容既符合业主需求又维护了法律的权威性。在此基础上，台北市政府出台了一系列不同等级的法规框架，对街区总体目标设定到个体建筑风格实现整体控制。另外，实施框架内容翔实，将现有建筑容积率、产权归属等问题界

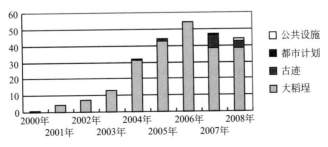

图5-24　2000～2008年台北市容积转移案实施情况[231]

185

定清晰，有效避免了在容积交易中可能出现的纠纷。

5.3 容积率调控技术体系的推广条件

容积率调控技术体系在运作中产生的积极与消极两方面影响，说明技术体系的应用有一定的适用条件，只有满足这些条件时，技术体系才能产生与发展。虽然实施环境不同，但只要确定适用条件存在，就可以断定容积率调控技术可以被推广应用。

5.3.1 容积率调控技术体系的产生条件

1. 以市场经济体制为基础

市场是流通领域的总表现，是商品交换者相互关系的总和，是利用价格实现资源配置的社会经济形式[232]。市场经济承认个人的利益诉求，可以作为社会经济发展的动力，投资者不会自动承担其使用与开发土地所带来的"公害"；也不会自动献出其在土地使用与开发上产生的"公益"[233]，同时在经济发展活动中产生的利益冲突，也可以通过市场供求得到解决，这是市场经济的普遍规律。列宁曾指出："哪里有社会分工和商品生产，哪里就有市场，社会分工和商品生产发展到什么程度，市场就发展到什么程度。"

市场经济不同于计划经济，具有一定的特殊性，主要表现为以下几个方面[234]：①市场经济是以商品交换为主的经济体制，一切经济活动都直接或间接处于市场之中，以市场自由买卖价格作为客观标准去解释和调节供求关系，社会中各种资源的配置与收入分配方式都建立在商品等价交换基础上。②市场经济是企业自由化的经济，以追求利润为最大目标，以"理性经济人"假设为前提，企业在市场经济中具有很大的自主权，自负盈亏。③市场竞争的公平性。在市场经济条件下，每个参与主体都是平等的，谁也不能拥有特权，彼此之间是公平的竞争关系。④市场经济以法制约束为实施基础。市场经济具有分散化特点，每个行为个体的市场活动都需要以严格的法律来规范和约束，这样才能建立有序的市场。⑤市场经济是一个开放的经济系统[235]，它可以突破国别的限制，将世界上各国的市场融为一体，市场经济越发达，其开放度就越高。

由此可见，市场经济体制下，通过实施市场竞争机制可以将社会中各种有限的资源进行更加有效的配置。容积率调控技术的实质是一种对未使用空间资源的集中与重新分配，为了达到空间资源的优化配置，需要借助于市场手段来操作，因而容积率调控技术产生的首要条件是应用于市场经济体制之下。但是市场分散化、自由化的特点会对城市的建设过程带来不确定性，因此也会带来两种结果，或是正面的，或是负面的。容积率调控技术可作为一种市场干预手段，在市场经济体制中运作可以为空间资源的配置过程减少负面影响，促进正面影响。

2. 以公私合作为操作途径

1930 年代的罗斯福新政时期，美国政府贯彻的是全面干预模式，从联邦政府一直到地方政府，对城市建设全面大包大揽。二战以后政府的干预方式开始转变，有学者将其归纳为三种：1950～1964 年，是指导性管治体系，地方政府实施大规模的更新建设；1965～1974 年是让步性管治体系，商业利益占据中心地位；1975 年以后是保守管治体系，保留政治和经济控制。在这三种转变过程中，美国政府的"大政府"式政治意识开始解体，取而代之的是政府开始向企业学习，政府的职能全面下放，"小政府、大市场"逐渐成形，同时，私有资本的力量越来越强大，如巴奈特认为："未来的建筑环境以公众机构和私人机构的决定形式出现，这些决定构成了开发的过程"。

城市开发模式从原有的大规模政府干预模式转为公私合营模式，政府与私有资本之间形成合作关系。"合作"是指二人以上一起工作，为达到共同目标而彼此相互配合的联合行动。在合作关系中，参与主体之间需要相互依赖，既要发挥自己的角色特长，又要借助于他人的优势，通过共同认可的规定，实现共同目标。在合作模式下，政府成为城市建设中众多利益群体的一分子，与其他利益群体的地位相当，共同建设城市。在美国，私有土地受到联邦宪法的保护，在法律允许范围内，政府不得干预私有财产的使用，即使是历史建筑或是风景资源区，只要归属于个人所有，其财产形式可由个人任意支配。由于市场经济下，大多数的经济活动由个人或私有团体承担，政府的职能限于两件事，理智的资本投资与制定保证市场需求平衡的政策法规，当投资与法规都不足时，则需要发挥调控政策的优势，采取合作的方式进行，正如简·朗（Jan Lang）所说："美国的城市是由许多关注自身利益的人在市场和法律体系下，而且经常还会是在政治和行政的框架下所作出的众多决策的综合产物[236]。"

在这种情况下，政府与其他利益群体之间形成的就是一种合作关系，在合作关系下，政府所代表的公众利益与开发商，及私有业主所代表的私人利益在彼此依赖的情况下进行利益博弈。政府需要借助于私有资本的力量进行更多的公共空间与公共设施的建设，满足公众利益；而在实际开发中，开发商的开发成果如何主要取决于政府制定的开发政策，例如，查尔斯·弗尔福特曾经在与 14 位开发商进行深度访谈之后，指出："由于归属于多个利益不同的产权人，许多城市空间基本上没有开发的可能。获利一块面积适宜的土地（这是任何一个大开发商首先考虑的问题）在城市里变得更加困难。许多开发商指出，购买到一块面积达到足以产生规模经济效益的土地还有很多困难"[237]。因而开发商需要政府制定使开发者获得利益的规则，同时，政府要保证在开发过程中获得公众利益。只有双方都对彼此有利益诉求的情况下，政府所制定的开发规则才成为公私双方合作的关键，容积率调控方法便是建立良好合作关系的一种基础，作为合作原则之一，既能够帮助政府吸纳私有资本关注于公共利益，弥补对公共设施建设的投入，又能够良好地调动开发商。

3. 以容积率流通为运作核心

容积率流通是容积率调控技术体系的核心内容，通过容积率在市场上的交换可以实现空间资源的有效配置。容积率流通的动力来源于容积率的经济属性，可以作为利益诱因吸引私有资本投资公共建设。诱因设计是政府实施调控政策实施的关键要素，以价格为基准的市场供需关系说明追求利润最大化是调控机制的核心诉求，并已经成为可以调动资源分配所需的杠杆。美国政府设定的调控性政策包括直接拨款、资金补偿、赋税减免、利率优惠、容积率调控等，这些政策的诱因对象是通过降低成本来获取利益，而容积率调控则是通过转移需求平衡利益，因而容积率可以被作为诱因的主要原因在于容积率代表着空间的未来开发价值，而这种价值的产权归个人所有。当容积率可被作为一种私有产权之后，所有权人必须承担全部的建设投入及开发产出，因而当他进行一项决策时，就会对前期投入与总体收益之间进行综合权衡，多方比较之后选择最优的资源配置方案，这样自然而然便产生一种市场调控，将开发过程中可能产生的外部效应内部化，也就是新制度经济学中的产权调控原则。

容积率流通的基础是容积率与私有产权相关联（图5-25）。产权（Property Rights）并无明确的概念，总体来说，产权是用于界定人们在经济生活中获利、受损、补偿的结果及其过程中所结成的关系，产权界定清晰具有调控功能，如理查德·波斯纳（Richard Allen Posner）所说："基本调控来自于分配给社会成员的对于特定资源的排他性使用的排他性权利。如果一片土地都分别为某个个人所有，在此意义上个人总是能排斥其他所有的人进入任何一片给定的土地，那么个人就将会通过种植或其他方法使土地价值最大化。"德姆塞茨（Demsetz）曾指出："在鲁宾孙的世界里，产权是起不了作用的。产权是一种社会工具，它的重要性就在于它们能帮助一个人形成他与其他人进行交易时的合理预期，这些预期经过社会的法律、习俗和道德予以表达。产权的所有者，拥有他人同意其以特定的方式行事的权利。假如在界定他的权利中并不禁止排他的行为，为一个产权的所有者会期望大众能够阻止他人，对他行使权利的干扰。"因而，越是稀缺的物品，越需要进行产权管理。产权理论的核心是产权界定与产权交易，其中产权配置需要通过产权交易实现，而交易实施的前提是界定清晰的产权关系[238]；清晰的产权关系能够揭示行为主体之间的经济关系。富鲁普顿（Furubotn E.）及佩杰威齐（Pejovich）认为："产权不是关于人与物之间的关系，而是指由于物的存在和使用而引起的人们之间一些被认可的行为性关系，社会中盛行的产权制度可以描述为界定每个在稀缺资源利用方面的一组经济和社会关系。"由此可知，达到产权配置的最佳效率需要具备的条件：双方经济参与者在产权界定的前提下通过市场的自由交换来实现。因此，容积率的变更必然涉及土地及空间的利益在政府、开发商、公众之间的重新分配或再分配，为了能够使容积率的调整过程有效，调整结果能最大程度地实现空间的优化配置，最佳方式是将容积率调整方式与产权管理相结合，在一些投入产出资金难以平衡的地区，借鉴经济学中的商品流通原理，以容积率为基本流通对象，实现容积率的调整与空间开发需求的转移，这样有利于保护公众利益与建立良好的市场建设秩序。

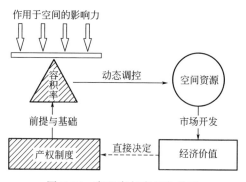

图 5-25　容积率与产权的关系

5.3.2　容积率调控技术体系的发展条件

容积率调控技术的实施效果不可能立竿见影，需要在长时间内才能完全显现。同时，其实施过程涉及众多因素，基础设施能力、生态保存价值和房地产市场等因素，都会影响到计划的实施[203]，也难以从一个方面评价实施效果。目前，很多美国学者都在试图通过在已经实施的项目中分析影响容积率调控计划实施效果的主要因素，建立起完整的评价体系。

帕特丽·夏马谢特（Patricia Machemer）和迈克尔·卡普洛维茨（Michael Kaplowitz）曾选择了 14 个城市的容积率调控计划（表 5-9），试图通过对这些项目的进一步分析，总结出检验容积率调控技术实施效果的评价体系。这 14 个项目的共同点在于：①发起于 1968～1997 年；②与容积率调控相关的文件资料较为完整；③相对完善的管理者[202]。总而言之，14 个项目共收集了 1600 页的文件，10 个小时的采访录音，50 页的采访手稿。在经过初期和二次筛选之后，建立了一个包括 3 个方向、13 项要素的实施评价体系

（表5-10），3个主要方向包括控制管理方向、社区的行政支持方向和项目计划本身方向。

用于分析特征和要素的容积率调控计划[203]　　　　　　　表 5-9

项目	规模	所在州	开始时间	项目目标
Buckingham	镇	宾夕法尼亚州	1975 年	农业用地预留
Calvert	郡	马里兰州	1978 年	农业用地预留
Chestereld	镇	新泽西州	1975 年	农田预留、开发管理
Collier	郡	佛罗里达州	1974 年	保护环境重要的地区
East Nantmeal	镇	宾夕法尼亚州	1994 年	农田预留
Harford	郡	马里兰州	1982 年	农田预留
Hillsborough	镇	新泽西州	1975 年	环境保护、农田预留
Lexington-Fayette	区域	肯塔基州	—	农业用地预留
New York	市	纽约州	1968 年	保护历史性地标建筑
San Francisco	市	加利福尼亚州	1985 年	历史性的预留
San Mateo	郡	加利福尼亚州	1988 年	农田预留
Southampton	镇	纽约州	1972 年	环境保护、湿地保护
Thurston	郡	华盛顿州	1996 年	农田预留、开发管理/可负担住宅开发
West Bradford	镇	宾夕法尼亚州	1997 年	农田保护、敏感区保护、乡村风格保护

容积率调控计划的评价体系[203]　　　　　　　表 5-10

方面	要素	实例/证据
调整控制特点	政治基础	各州立法保证
		开发管理立法
		农业或历史性土地保护的立法
		规划历史（如综合规划和区划法规）
	一致的管理进程	最低限度的区划变更和改变
		农业用地区划（如保证的区域和排除的区域）
		设计标准（如有关建筑的）
社区特点	场所感	明确的地理边界
		明确的文化和历史性边界
		所有者认同全部的工程
	被认为有价值的资源	管理机构认定并保护资源
		促进"被保护的"资源的行动（如农田观光）
		对许多形形色色的赌金保管群体有价值的资源

方面	要素	实例/证据
社区特点	快速开发地区	高比率的住宅建设
		在项目地区高比率的人口增长
		市场中存在多样形式的住宅建设
		有高密度增长的需求
	公众认可	TDR 培训项目
		公众支持(如会议、听审会和投票表决)
		TDR 促进部门、机构或银行
项目特质	合适的接收区域	有满足基于 TDR 发展的密度和形式的市场
		有能掌控密度增长的开发的物理性能
		和总体规划、区域规划和设计标准相吻合
		政治上认可的
	TDR 领导阶层	TDR 项目的联合发起者
		主要的农业团体参与者
		主要的开发团体参与者
		主要的信贷机构参与者
		随时加入的主要参与者
	强制的项目 TDR 银行	发出地区的分区改变
		接收地区的分区改变
		公共基金(联邦的、州的或本地的)
		TDR 项目预算的条款
		当地政府购买或出售 TDR
		作为促进者的银行
	TDR 与 PDR 的兼容性	同时执行 TDR 和 PDR 项目的机会
		PDR 和 TDR 中每单位面积价格的对比
		PDR 是一项战略性的购买
	简单且投资效益好	容易理解的 TDR 分配准则
		开发者和发出地区的所有者能理解项目
		开发者参与项目时较低的办理费用
		和规划进程(如细分规程)一起进行的 TDR
	对当地土地使用的要求和形式,及开发的了解	有关用作居住用途开发的调查
		关于土地价值的研究
		土地使用情况调查
		有关资源使用和资源使用要求的调查

诺阿·斯坦利基（Noah Standridge）、里克·普吕茨（Rick Pruetz）等人选择了 20 个在美国被公认为保护空间资源数量最多、最为成功的容积率调控计划（以环境资源保护为主）进行分析，共总结出 55 项影响容积率调控计划实施的因素，按照这些因素的影响程度排列，划定出其中 10 项最重要的影响因素，主要包括（表 5-11）：开发红利的需求（demand for bonus development）、接收区的设定（customized receiving area）、送出区的控制（strict sending area regulations）、TDR 实施的选择（few alternatives to TDR）、市场转让率（Market Regulations：Transfer Ratios）、变化因素（Market Regulations：Conversion Factors）、公众对保护的支持（strong public preservation support）、程序简单（simplicity）、信息更新（promotion and faciliatation）、TDR 银行（bank）[238]。

20 个美国容积率调控计划中的主要影响因素[239]　　　　　　表 5-11

要素	本质因素		重要因素							
	1	2	3	4	5	6	7	8	9	10
计划实施地区	开发红利需求	设定接收区	限定送出区	计划唯一	市场调控	转让率	公众保护支持	简单化	信息更新	TDR银行
国王郡（King County）	x	x	x		x	x	x	x	x	x
新泽西松林地（New Jersey Pine Lands）	x	x	x	x	x	x	x		x	x
蒙哥马利郡（Montgomery County）	x	x	x	x	x		x	x	x	
棕桐滩郡（Palm Beach County）	x	x	x	x	x	x	x	x		x
科里尔郡（Collier County）	x	x	x	x	x	x	x		x	
卡尔维特郡（Calvert County）	x	x	x	x	x	x	x	x	x	
昆安妮郡（Queen Anne's County）	x	x	x	x	x	x		x		
萨拉索塔郡（Sarasota County）	x	x	x	x	x	x	x			
皮特金郡（Pitkin County）	x	x	x	x	x	x				
博尔德郡（Boulder County）	x	x	x	x	x	x	x	x	x	
圣路易斯比斯波郡（San Luis Obispo County）	x	x	x	x	x				x	
布卢厄斯郡（Blue Earth County）	x	x	x	x				x		
霍华德郡（Howard County）	x	x		x		x	x		x	

192

	本质因素		重要因素							
要素	1	2	3	4	5	6	7	8	9	10
计划实施地区	开发红利需求	设定接收区	限定送出区	计划唯一	市场调控	转让率	公众保护支持	简单化	信息更新	TDR银行
大德郡(Dade County)	x	x	x	x	x	x	x	x		
帕耶特（Payette County）	x	x	x					x	x	
查尔斯郡（Charles County）	x	x		x		x				
莱斯郡(Rice County)	x	x	x					x	x	
道格拉斯郡（Douglas County）	x	x	x	x	x			x		
切斯特菲尔德镇（Chesterfield Township）	x	x	x	x	x	x	x	x	x	x
总计	20	20	18	17	15	14	13	13	12	4

x代表受到这种因素影响

尼古拉斯·布拉顿（Nicholas Bratton）、杰里米·埃克特（Jeremy Eckert）和南希·福克斯（Nancy Fox）基于容积率交易过程中买卖双方的收益视角提出了判断容积率调控技术框架是否具有持续性的标准，主要包括[240]：①参与的自由性（ease of participation）：框架的制定是否可以满足私有业主或开发商的需求？参与者对框架内容是否清楚？容积率的交易流程是否简单，是否为参与者预留了足够的调控政策？②有效产出与管理简单（cost effectiveness and ease of administration）：交易成本的花费是多少？谁来承担交易成本费用？所产生的公众利益是否大于投入成本？调控框架的主体内容是否复杂？③政策执行的有效性（effectiveness in policy implementation）：设定的交易机制是否能够与土地使用类型相配合？④政治上的可行性（political feasibility）：政治上是否对所有权人支持，是否反对计划内容？

上述众多专家学者的研究都是在对美国各个地区所实施的真实案例研究分析基础之上展开的，虽然研究视角不同，所得到的结论略有偏差，但在总体上可以大致概括出影响容积率调控技术实施效果的几项因素，这些因素直接决定着容积率调控计划实施的成败。

1. 持续的市场开发需求

从容积率调控技术的出现，一直到容积率调控技术体系的基本形成，几乎所有的成功实施案例都发生在美国经济较为发达的城市或地区，当城市的高开发需求与空间设计、空间资源保护产生矛盾时，才能充分发挥容积率调控技术的需求转移作用。汤姆·丹尼尔斯（Tom Daniels）和黛博拉·鲍尔斯

（Deborah Bowers）曾对马里兰州蒙哥马利郡容积率调控计划的成功原因进行剖析时指出："蒙哥马利郡保护计划的成功最值得注意的主要原因在于，它位于拥有 78.2 万人、31.68 万英亩的首都华盛顿以北地区[204]。"

2003 年，普鲁士（Pruetz）教授对美国实施的 TDR 计划进行一次调查发现，大部分的 TDR 计划都集中在有较高开发压力的沿海地区，如西雅图、蒙哥马利郡、马里兰、新泽西和帕姆海滩郡等，其中超过半数的容积率调控项目都集中在四个州，加利福尼亚州、佛罗里达州、宾夕法尼亚州和马里兰州（表 5-12、图 4-1）。这些州所具有的最大共同特征在于在美国版图上都处于高开发压力带上。在这些地区，一方面，容积率价值很高，具有更高的开发潜力；另一方面，政府对这些地区的空间资源的保护需求也更为强烈，因而只要容积率调控的规则制定得稳妥，很容易形成容积率的出售与购买需求。

2003 年美国实施容积率转让计划的目标及数量[179] 表 5-12

TDR 实施类型	大西洋中部州（纽约、新泽西、宾夕法尼亚、马里兰）		加利福尼亚州		佛罗里达州		美国其他州		总计	
	数量	百分比（%）	数量	百分比（%）	数量	百分比（%）	数量	百分比（%）	数量	百分比（%）
普通环境	1	2.6	1	3.4	3	17.6	5	10	10	7.5
特殊环境	6	15.8	14	48.3	11	64.7	11	22	42	31.3
农地保护	18	47.4	2	48.3	0	0	3	6	23	17.2
环境与农地	9	23.7	0	0	2	11.8	19	38	30	22.4
乡村特征	2	5.3	1	3.4	0	0	4	8	7	5.2
历史保护	2	5.3	4	13.8	1	5.9	4	8	11	8.2
城市设计与复兴	0	0	3	10.3	0	0	4	8	7	5.2
基础设施	0	0	4	10.3	0	0	0	0	4	3
建设总量	38	—	29	—	17	—	50	—	134	—
百分比	28.4	—	21.6	—	12.7	—	37.3	—	100	—

2. 调控框架的市场适应性

在上述研究的影响因素中，红利密度值的选择、送出区与接收区的设定、计划实施唯一性和简化结构等都可归纳为容积率调控性框架的制定与实施。统一的、更具适应性的调控性框架是吸引私有业主更有自信地参与容积率调控计划的基础保障。这种适应性体现在三个方面：一是地区选择，二是调整量，三是管理程序。首先，在容积率调整区的选择上需要与州及地方政府的土地规划或其他空间发展规划、保护性规划的内容相一致，同时，一旦容积率调整区的范围被确定下来，不得随意更改，以确保私有业主的财产利益。其次，在容积率调整量上，需要与整个地区的开发需求相匹配。很多城市在制定容积率调控计划时，实施"唯一性"选择策略，即在确定开发强度的红利密度值时，只能通过一种方式得到，大部分调控计划无法实现，主要原因在于开发商不确定参与到调控计划之后所能得到的利益会比不参加得到的多。因而政府在制定调控规则时，需要明确开发商在不同使用条件下的利益所得。如果政府需要促进调控计划的实施，通过将原有的容积率限制降低，控制开发商的收益，引导开发商不得不参与到调控计划中获取足够利益。第三，在管理程序上需要简化，由于内容本身涉及市场交换和产权交易等众多内容，调控项目过于复杂，很难被公众理解，如果管理程序上仍过于复杂，则会降低私有业主的参与热情，因而几乎上述所有的成功案例在管理程序上都倾向于简洁化和程式化。

3. 政府自上而下的支持

约翰斯顿（Johnston）和麦迪逊（Madison）发现，政治的影响力构成容积率调控计划的特质[241]。容积率调控技术是一种用政治力来影响市场力发展与变化的手段，如果没有强大的政治力保障，无法出现稳定的市场。强大的政治力体现在对容积率调控计划的领导阶层，以及这些由领导阶层所制定出的法定管理制度。截至 2008 年，美国实施的容积率调控计划已经超过 190 个，其中超过 65％的项目中，州或地方政府都设立了专门用于保护空间资源的措施，与容积率调控技术实施相关的主要包括四种：一是实施 PDR 措施，由政府购买限制开发地区的开发权，再出售给开发商；二是建立开发权银行（容积银行），将政府购买的开发权储存起来，在市场适当的时机再行出售；三是由郡或地方政府成立专项保护性基金，在使用时可提出申请，由政府相关部门通过投票决定；四是实施调控地区的政策优惠，如使用税费减免等措施，提高私有业主的参与积极性，有些学者将容积率调控技术等同于可以不用交税的开发计划。政治上的支持对于容积率调控计划的实施非常重要，如果一项容积率调控计划在制定与实施过程中得不到政府相关部门资金和权力上的支持，很可能在实施过程中不得不妥协于政府的政治力量，使容积率调整区调控量的设定不断变化，影响实施效果。新泽西松林地的保护计划中，政治力构成了计划实施的主导力量，也是计划成功实施的重要原因之一，包括美国国会（授权保护区）、联邦政府与州政府（授权立法）、松林地委员会（管理权覆盖 60 个行政区）和 60 个地方政府。

4. 公众自下而上的参与

诺阿·斯坦利基等人发现，在容积率调控计划的实施过程中，如果参与者是环境保护主义者，而不只是开发商，则计划更容易成功。同时，他们还对一系列调控计划的发起者进行了问卷调查，这些发起者包括：私有业主、开发商/建设者、保护主义者、规划官员等。调查结果反映出一个结论，即所有参与容积率调控计划的人员必须从参与过程中获得利益[239]。因此，当更多的团体参与到调控计划实施过程中时，会为容积率的调整带来更大的市场动力。另外，实施容积率调控计划并不是短期的事，而是需要经历几年甚至几十年的长期过程，在实施期间地方政府的官员将会不断换任，因而持续不断的公众支持就显得更加重要了，有助于保持计划的长期有效性。如在蒙哥马利郡，郡政府从项目开始时就一直注重在社会中建立公众对计划实施的认可度，郡政府作了很多努力，如培训私有业主、开发商等关于开发权、容积率红利、容积率转让方面的相关知识，使调控计划的发展过程一直受到公众的关注与支持。

5.4　本章小结

美国容积率调控技术在发展中呈现出若干系统化的特征，表明目前的美国容积率调控技术已经形成了完整的体系框架。本章的主要内容即是围绕着分析容积率调控技术体系的演化规律展开的。

首先，根据系统论的基本观点，容积率调控技术体系是由基本技术与技术秩序共同构成的，基本技术包括容积率增加与容积率减少两种技术，其中容积率增加技术还可进一步细分为用于兑换需求与设施和用于市场交易的容积率增加方法。技术秩序是技术在实施过程中所必须遵守的规则，具体内容可细分为四个层面：空间目标定位、容积率调整区选择、流通容积率设定及交易机制建立。基本技术在不同的秩序条件下可以形成多种组合模式，适用于不同空间尺度的技术调控体系，包括小尺度空间开发的协商模式城市级尺度的捆绑模式及区域级尺度的综合模式。

其次，对美国容积率调控技术的实施进行综合评价，包括积极性影响与消极性影响两个方面。容积率调控技术在形成体系之后，符合"可持续发展"的规划理念，即可以协调经济发展与社会公平之间的"利益冲突"、经济发展与环境保护的"能源冲突"及社会公平与环境保护的"开发冲突"。但是，市场条件下效率与风险并存，因而容积率调控技术在发挥资源保护与空间优化作用的同时也伴生出一些负面影响，常因市场需求不足和运作周期长等问题使技术的实施成果难以长久维持，因而对容积率调控技术体系的认识应秉持着辩证与谨慎的态度，不能盲从，也不能摒弃。

最后，本章在分析前两方面的基础上，发现美国容积率调控技术的操作存在一定的适用条件，因此本章的第三部分是从容积率调控技术的产生与发展两个方面来分析技术的推广条件的：产生条件是指容积率调控技术体系建立所应具备的基本条件，包括以市场经济为基础、以公私合作为途径、以容积率流通为核心；发展条件是指容积率调控技术能够成功运作所应具备的基本要素，在分析美国众多学者研究成果的基础上，概括出维持容积率调控技术长久运作的条件包括：持续的市场开发需求、适应市场的控制框架、政府与公众的多方支持。

结　　语

在我国以经济体制改革为重点全面深化改革的大背景下，建立能够适应市场需求变化的容积率管理体系是我国城市规划实施管理中的核心任务。在缺乏大量实践探索的前提下，借鉴国外经验无疑是一种"捷径"，成功的经验是一种理论积累，失败的案例更可视为一种警告提示。"容积率"最初产生于美国，经过近 60 年的实践，在操作技术与管理制度方面积累了相当丰厚的研究成果。本文通过对美国容积率管理中的调控技术的系统化研究，得出如下主要观点：

首先，美国规划体系下"容积率"指标可以"流通"。在美国土地私有制下，任何土地及空间都属于一种特殊的不动产，而容积率作为衡量空间开发强度的指标，具有与空间相同的财产属性，可视为代表空间容积的"特殊货币"进入市场流通，与土地产权束中的开发权相对应，并受到财产法的保护。因而在美国，"容积率调整"不仅是一种规划技术，还意味着空间财产的再次调配。在这个前提下，美国的容积率调整工作无法由政府独立完成，需要借助于市场的力量协同合作，本文将美国的这种容积率调整工作称为容积率调控技术。实施容积率调控技术可以更好地平衡公私利益，达到空间形态优化与资源保护的目的。本文从美国规划实施策略中概括出四种与容积率调整相关的调控技术，包括：容积率红利、容积率转移、容积率转让、容积率储存。这四种容积率调控技术根据容积率调整过程所涉及的利益多寡，可分别适用于不同类型的开发环境中。容积率红利是一种容积率兑换技术，适用于缺少公共空间或因资金缺乏无法建设公共设施的地区；容积率转移是一种局部地段需求转移技术，适用于一定强度下需要灵活处理空间形态的地区；容积率转让是一种容积率交易技术，适用于不同开发需求地区的利益平衡；容积率储存是一种统筹技术，将不同地区的容积率先集中，后分配，适用于宏观空间资源的集中保护与集中开发。

其次，美国容积率调控技术在发展过程中表现出逐渐系统化的演化趋势。历史永远处于动态变化状态之中，相对于整个历史进程，历史中的任何时期只是一个片断。但如果将一段时间内的历史片断放大，基于相似的社会背景与开发政策，技术在应用过程中会呈现出相似性。按照这种思路，本文将美国容积率调控技术的发展历程划分为四个阶段：1960 年代之前的容积率调控技术产生期、1960～1970年代的容积率调控技术探索期、1970～1980年代的容积率调控技术融合期、1980年代的容积率调控技术成熟期。在这四个阶段的产生与发展过程中，美国容积率调控技术逐渐表现出系统化特征，可以从四个方面得到印证：一是实施容积率调控的空间范围逐渐扩大，形成从微观到宏观三个空间层级；二是四种容积率调控技术的双向度发展特征，表现为，在横向应用上四种容积率调控技术在应用中出现相互补充、相互融合的应用趋势，同时在纵向应用上每种技术本身也在发展中不断更新；三是容积率调控技术实施所依托的控制框架表现出从原有开发控制体系中分离，逐渐独立化的发展倾向；四是美国地方政府的相关部门所制定的容积率管理制度不断规范化。以上这四个方面的特征概括来说表现为扩大化、复杂化、独立化与综合化，符合系统论的一个系统所应具备的基本特征，因而可以推断认为，美国容积率调控技术在不断发展演化中已经形成了较为完整的体系框架。

最后，从三个层面对美国容积率调控技术体系在应用过程中所形成的演化规律加以概括：容积率调控技术体系的主体结构、容积率调控在美国实施的综合评价以及可进行应用与推广的条件。第一，系统论中认为一个完整系统由"元素"与"关系"构成，由此本文认为容积率调控技术体系由作为"元素"的"基本技术"与作为"关系"的"技术秩序"组成。其中，基本技术包括容积率增加、容积率减少两种技术，技术秩序是指用于调整容积率的调控规则，具体划分为四个层次。基本技术在不同秩序作用下可建立起多种组合，概括起来包括三种类型：适用于局部空间的协商调控体系、适用于中观空间的市场调控体系及适用于宏观空间的调控体系。第二，美国通过实践证明，容积率调控技术在形成系统框架之后，在空间资源的配置与优化方面起到很大的作用，符合"可持续发展"理念下的规划实施策略，表现为在城市建设中可以协调经济发展与社会公平之间的"利益冲突"、经济发展与环境保护的"能源冲突"、社会公平与环境保护的"开发冲突"。但是，借助市场的操作方式既具有高效率，也具有高风险，因此美国容积率调控技术体系也具有一定的局限性，在实施过程中也会产生正反两方面影响，所以对容积率调控技术体系的认识应秉持着辩证的态度。第三，在进行体系构架与综合评价分析的基础上，本文从两个方面分析容积率调控技术体系的推广条件，即技术体系建立所应具备的基本条件，包括以市场经济为基础、以公私合作为途径、以容积率流通为核心；技术体系成功运作的发展条件：持续的市场开发需求、适应市场的控制框架和政府与公众的多方支持。

由以上内容总结出本文的主要观点，包括：

（1）阐释与总结了美国规划体系下容积率相关的弹性管理技术和发展历程，提出了美国容积率管理技术的四个阶段论及相关特征；

（2）对美国容积率调控技术体系的基本框架和技术体系的实施进行综合评价，并在此基础上提炼出可以进行推广应用的条件。

改革开放前，我国借鉴苏联的规划模式，使用"建筑密度"代表城市建设容量。改革开放以后，房地产开发兴起，我国开始借鉴美国的开发控制模式，引入"容积率"取代"建筑密度"成为开发强度指标。

我国容积率管理与控制体系主要依托于控制性详细规划（或法定图则）体系。控规是我国的法定规划，也是实际开发中"两证一书"获取的主要技术依据，《城市规划编制办法》中明确规定："根据城市规划的深化和管理的需要，一般应当编制控制性详细规划，以控制建设用地的性质、使用强度和空间环境，作为城市规划管理的依据，并指导修建性详细规划的编制"。由于控规的法定性与技术性，因而我国的容积率管理体系在实际操作中继承了"容积率"技术属性，但容积率本身所具有的"利益属性"并没有被完全发挥出来，在这种情况下，实际操作中容积率管理中出现部分不适应的现象是在所难免的。

当前我国处于经济转型升级、加快推进社会主义现代化的重要时期，也是城镇化深入发展的关键时期。在这一时期，工业化和城镇化的进程必然带来建设用地需求增长，据 2001 年到 2008 年间的研究统计表明，城市土地扩张速度比城市人口扩张的速度快了一倍左右，带来的是"二维"土地消耗殆尽，"三维"空间价值显现；同时，我国政府的职能转型，从无限型政府向有限型、服务型政府转变，政府的工作重心也逐渐从经营"土地资源"转向经营"空间资源"。但空间资源相对于土地资源来说，具有抽象性，难以"看得见，摸得着"，所以作为空间容量的衡量指标，容积率指标的科学控制与管理问题显得十分必要，容积率的调控手段相应地也需要不断丰富和完善，以此来达到对三维空间优化配置的目的。

2009 年 4 月，住房和城乡建设部、监察部先后联合下发了《关于加强建设用地容积率管理和监督检查的通知》、《关于对房地产开发中违规变更规划、调整容积率问题开展专项治理的通知》，2012 年 3 月，住房和城乡建设部印发了《建设用地容积率管理办法》的通知，要求严查房地产开发中用地性质变更、调整容积率问题，遏制房地产领域腐败问题。同时，在国家政策法规规定之下，各城市地方政府也都出台了相关的容积率控制要求，规范容积率的调整程序与管理制度，力求通过在编制技术中增加精确性与准确度，这些都说明在我国的规划管理制度中，具有引入先进技术、改革现阶段容积率管理方法的需求。容积率调控技术是在美国特定城市发展背景下产生、并在政策环境不断变化下不断发展的。美国与中国在所有制结构、社会、经济、政治等方面实施背景均不相同，我国是否可以应用容积率调控技术，以及怎样应用容积率调控技术，都是新时期需要讨论的。容积率调控技术产生并发展于美国，中美两国在所有制结构、政治、经济环境等多方面都存在根本不同，因而对容积率调控技术的借鉴不能直接"拿来"，需要进一步讨论我国的实施环境及适用范围。

容积率调控技术的产生条件包括：市场经济、公私合作与容积率流通。通过与美国的规划管理体系对比发现，我国在实施容积率调控技术方面存在着一定的优势与劣势。优势表现为：①社会主义市场经济体制更具公平性。社会主义制度偏向于公众，国家或政府干预市场的目标在于创造并维护相对稳定的市场环境，使买家与卖家可以进行自由交易与公平竞争，因而，社会主义条件可以发挥更高的市场运作效率。②我国政府制定与实施的城市规划具有"主动性"特点，在城市开发中更具有优势地位。1979年改革开放以后，我国形成具有社会主义特色的市场经济体制。在这个体制下，城市建设的大方向可以从两个方面进行把握，一方面是自上而下的宏观调控，另一方面是自下而上的市场运作，两者相辅相成，宏观调控是为了更好地营造公平的市场环境，市场运作由宏观调控引导，定位于更为长远的发展目标与公众利益提升。劣势表现为：我国的容积率管理采用行政裁量方式，行政裁量是一把双刃剑，一方面，可以在控制过程中创造出政府管理中的灵活性，不必照本宣科，按照僵化的法律条文行事；但另一方面，过度的行政裁量可能会造成自由裁量权的滥用，导致控制过程中不规范的行为出现。由行政裁量方式带来的我国规划管理体系中容积率的编制与调整控制都未与产权管理相挂钩，容积率调整缺少必要的引导手段、容积率管理中缺少宪法式的法律约束。

由以上优劣势分析可以判断，前两个条件在我国的社会经济体制下已经具备，首先，具有中国特色的社会主义市场经济体制具有公平性，更有利于形成良性竞争的市场运作环境；其次，市场经济体制下的城市建设必然以市场运作为主导，以私有资本的竞争开发为核心，因而公私合作的开发模式也必然成为我国城市建设的主体模式。但是，对于第三个条件——"容积率流通"作为容积率调整的主要模式，在我国目前的城市规划实施管理体制中却难以直接应用。容积率流通的含义是将容积率作为一种"虚拟货币"进入市场交易，以此达到某些地区容积率调整的目的。我国的开发控制体系主要采用的是"开发许可制"，政府对容积率的编制与实施主要通过行政裁量来决定，控制力度的刚性不强，加上尚未与产权管理相联系，所以就目前来说，规划管理中将容积率调整直接与市场交易挂钩的可能性较小。

综上所述，由于不具备实施容积率调控技术体系建立的第三个必要条件，因而短期内无法在我国的城市规划领域中建立完整的容积率调控技术体系。但这并不等于说美国的容积率管理经验我们无法借鉴，作为一种刚柔并济的管理技术体系，容积率调控技术产生、发展于美国的城市更新时期，更适用于具有成熟市场开发环境的地区，因而就当前的开发环境来说，对于已经进入"存量更新"阶段的城市，如深圳、上海、北京、广州等城市，或是城市中某些待更新的"存量"发展地区，现状开发强度与土地使用者构成了直接的产权归属关系，为容积率的流通设置了实施前提，可以考虑应用容积率调控技术，建立综合的容积率调控技术体系，完成城市更新地区的空间格局优化与整合。

鉴于篇幅所限，本文对美国容积率调控技术体系的演化研究只是一个阶段性成果，对容积率调控技术在我国的实践探索也仅限于应用构想阶段，因此在今后的工作中，还需要从以下几个方面进行后续研究工作：

（1）容积率调控技术体系中引入定量分析方法的研究。本文的研究重点在于美国容积率调控技术的演化过程，并未深入探讨容积率指标数值调整的内容。容积率调控是一个不断调整容积率数值的管理技术，需要借助于科学的技术手段进行定量分析，因而引入定量化的研究方法体系是重要的后续研究课题。

（2）美国容积率调控技术体系的市场交易机制研究。美国在实施容积率调控技术过程中，市场是主要的交易媒介。那么，未使用的容积率在市场交易过程中的价格如何计算，交易程序如何确定，容积率的市场价格在"涨"或"跌"的情况下又如何交易，这些议题都需要进一步讨论。

（3）我国容积率调控技术体系的建构及实施策略研究。美国与我国的基础体制不同，城市开发与建设环境不同，因此容积率调控技术体系并不能直接被引入到我国的规划体系中，需要进行本土化的技术改良探讨，包括容积率调控技术的适用地区选择、空间资源价值评估、实施程序确立、交易机制建构等内容。

参 考 文 献

[1] 董鉴泓主编.中国城市建设史 [M].北京：中国建筑工业出版社，2004：405-407.

[2] 夏南凯，田宝江.控制性详细规划 [M].上海：同济大学出版社，2005：13-14.

[3] 国务院关于加强城市规划工作的通知（18号文件）[Z].

[4] 赵家祥.马克思主义历史哲学（第1卷）——历史过程论和历史动力论 [M].长春：吉林人民出版社，2006：20-21.

[5] 李兆汝，曲长虹.城市规划：实事求是回顾50年——访中国城市规划学会理事长、两院院士周干峙 [N].中国建设报，2006-08-01.

[6] 中华人民共和国住房和城乡关于加强建设用地容积率管理和监督检查的通知（建规 [2008] 227号）[Z].

[7] 彼得·霍尔.城市与区域规划 [M].邹德慈等译.北京：中国建筑工业出版社，1985.

[8] 赵民，唐子来.英国城市规划中系统方法应用的兴衰 [J].城市规划，1988（5）：25-26.

[9] Hightower H. C. Planning Theory in Contemporary Professional Education [J]. Journal of the American Institute of Planners，1969，35（5）：326-329.

[10] 尼格尔·泰勒.1945年后西方城市规划理论的流变 [M].北京：中国建筑工业出版社，2006：106.

[11] 孙庆斌.哈贝马斯的交往行动理论及重建主体性的理论诉求 [J].学术交流，2004（7）：6-9.

[12] Gabriel S. A.，Faria J. A.，Moglen G. E. A Multiobjective Optimization Approach to Smart Growth in Land Development [J]. Socio-Economic Planning Sciences，2006，40（3）：212-248.

[13] Holden E.，Norland I. T. Three Challenges for the Compact City as a Sustainable Urban Form：Household Consumption of Energy and Transport in Eight Residential Areas in the Greater Oslo Region [J]. Urban Studies，2005，42（12）：2145-2166.

[14] Song Y.，Knaap G. New Urbanism and Housing Values：A Disaggregate Assessment [J]. Journal of Urban Economics，2003，54（2）：218-238.

[15] 张庭伟.梳理城市规划理论——城市规划作为一级学科的理论问题 [J].城市规划，2012（4）：9-17，41.

[16] Haar C. M.，Hering B. The Lower Gwynedd Township Case：Too Flexible Zoning or an Inflexible Judiciary [J]? Harvard Law Review，1961，74（8）：1552-1579.

[17] Sussna S. Bulk Control and Zoning：The New York City Experience [J]. Land Eco-

nomics，1967，43（2）：157-171.

[18] Gladden Jr J. W. Change or Mistake Rule：A Question of Flexibility［J］. Miss. LJ，1979，50：375.

[19] Goldman H. Zoning Change：Flexibility vs. Stability［J］. Maryland Law Review，1966（1）.

[20] Shoup D. Graduated Density Zoning［J］. Journal of Planning Education and Research，2008，28（2）：161-179.

[21] Rothwell J. T.，Massey D. S. Density Zoning and Class Segregation in U S Metropolitan Areas［J］. Soc Sci Q，2010，91（5）：1123-1143.

[22] 伊利尔·沙里宁. 城市：它的发展、衰败与未来［M］. 顾启源译. 北京：中国建筑工业出版社，1986.

[23] Barrows R. L.，Prenguber B. A. Transfer of Development Rights：An Analysis of a New Land Use Policy Tool［J］. American Journal of Agricultural Economics，1975，57（4）：549-557.

[24] Knaap G. J.，Haccoû H. A.，Clifton K. J.，et al. Incentives，Regulations and Plans［J］. Edward Elgar，2007.

[25] Frankel J. Past，Present，and Future Constitutional Challenges to Transferable Development Rights［J］. Wash. l. Rev，1999，74（3）：825-851.

[26] Nemeth J. Defining a Public：The Management of Privately Owned Public Space［J］. Urban Studies，2009，46（11）：2463-2490.

[27] Nolon J. R. Preface to Protecting the Environment Through Land Use Law：Standing Ground［M］，2014：6-82.

[28] Barnett J.，Jones B. L. An Introduction to Urban Design［M］. New York：Harper & Row，1982.

[29] Carter T. Developing Conservation Subdivisions：Ecological Constraints，Regulatory Barriers，and Market Incentives［J］. Landscape and Urban Planning，2009，92（2）：117-124.

[30] 宋军. 控制性详细规划的控制体系［J］. 城市规划学刊，1991：37-41.

[31] 梁鹤年. 合理确定容积率的依据［J］. 城市规划，1992（2）：58-60.

[32] 邹德慈. 容积率研究［J］. 城市规划，1994（1）：19-23.

[33] 王国恩，殷毅，陈锦富. 南宁市旧城改造控制性详规中容积率的测算［J］. 武汉城市建设学院学报，1994（1）：54-55.

[34] 宋启林. 从宏观调控出发解决容积率定量问题——城市土地利用与城市规划研究之二［J］. 城市规划，1996（2）：21-24.

[35] 陈昌勇. 城市住宅容积率的确定机制［J］. 城市问题，2006（7）：6-10.

[36] 咸宝林. 城市规划中容积率的确定方法研究［D］. 西安：西安建筑科技大学，2007.

[37] 黄志勤. 容积率对地价的影响及修正系数的确定［J］. 四川师范大学学报（自然科

学版），2002（4）：419-421.

[38] 葛京凤，黄志英，梁彦庆 . 城市基准地价评估的容积率内涵及其修正系数的确定——以石家庄市为例 [J]. 地理与地理信息科学，2003（3）：98-100.

[39] 章波，苏东升，黄贤金 . 容积率对地价的作用机理及实证研究——以南京市为例 [J]. 地域研究与开发，2005（5）：105-109.

[40] 黄明华，王阳 . 值域化：绩效视角下的城市新建区开发强度控制思考 [J]. 城市规划学刊，2013（4）：54-59.

[41] 郭静，李佳，刘科伟 . 城市新区容积率控制阈值探讨——以居住和商业用地为例 [J]. 西北大学学报（自然科学版），2014（5）：808-812.

[42] 刘咏承 . 控详中新建一般性商品房用地容积率赋值区间的划定 [J]. 现代国企研究，2015（20）：84-86.

[43] 罗奇，刘文静 . 对容积率中“不计容积率”的思考 [J]. 城市发展研究，2016（1）：5-8.

[44] 金广君 . 美国城市规划与建设的管理——分区管制法 [J]. 国外城市规划，1989（3）：8-12.

[45] 庄宇 . 城市设计的运作 [D]. 上海：同济大学建筑与城市规划学院，2000.

[46] 黄大田 . 利用非强制型城市设计引导手法改善城市环境——浅析美、日两国的经验，兼论我国借鉴的可行性 [J]. 城市规划，1999（6）：39-42.

[47] 高源 . 美国现代城市设计运作研究 [D]. 南京：东南大学，2005.

[48] 沈海虹 . 文化遗产保护领域中的发展权转移 [J]. 中外建筑，2006（2）：50-51.

[49] 张凡 . 城市发展中的历史文化保护对策 [M]. 南京：东南大学出版社，2006.

[50] 运迎霞，吴静雯 . 容积率奖励及开发权转让的国际比较 [J]. 天津大学学报（社会科学版），2007（2）：181-185.

[51] 梁伟，于灏，苏腾 . 控规管理中容积率奖励机制研究：2007 中国城市规划年会 [C]. 哈尔滨，2007.

[52] 庄诚炯，潘海啸，刘冰 . 由 2.1 到 2.5——容积率变更引发的思考 [J]. 规划师，2002（11）：55-59.

[53] 潘海霞 . 容积率超标建设现象及应对策略探讨 [J]. 城市规划，2003（8）：72-75.

[54] 王世福 . 面向实施的城市设计 [M]. 北京：中国建筑工业出版社，2005.

[55] 黄汝钦 . 新旧城区容积率弹性控制方法探讨 [J]. 国际城市规划，2012（1）：21-26.

[56] 刘慧军，沈权，陈蓉 . 城市规划管理中容积率分层确定机制探讨 [J]. 规划师，2013（7）：74-78.

[57] 孙峰，郑振兴 . 兼顾总量平衡与刚柔适度的容积率控制方法 [J]. 规划师，2013（6）：47-51.

[58] 孙佑海 . 土地流转制度研究 [D]. 南京：南京农业大学，2000.

[59] 张安录 . 可转移发展权与农地城市流转控制 [J]. 中国农村观察，2000（2）：20-25.

[60] 丁成日. "土地开发权转移" 对中国耕地保护的启示 [J]. 中国改革, 2007 (6): 72-73.

[61] 刘新平, 韩桐魁. 农地土地开发权转让制度创新 [J]. 中国人口、资源与环境, 2004 (1): 137-139.

[62] 胡静. 美国的土地开发权转让制度及成效借鉴 [J]. 时代经贸, 2007 (S9): 61-62.

[63] 张国俊, 汤黎明. 开发权转移及容积率奖励在我国的适用性探讨 [J]. 价值工程, 2011 (14): 80-82.

[64] 张舰. 土地使用权出让规划管理中 "规划条件" 问题研究 [J]. 城市规划, 2012 (3): 65-70.

[65] 夏南凯等. 城市开发导论 [M]. 上海: 同济大学出版社, 2003: 8-9.

[66] 刘英陶主编. 管理心理学 [M]. 北京: 警官教育出版社, 1994: 129.

[67] 安文铸主编. 学校管理辞典 [M]. 北京: 中国科学技术出版社, 1991: 48.

[68] 让·梯若尔. 政府采购与规制中的调控理论 [M]. 上海: 上海三联书店, 上海人民出版社, 2004.

[69] 大卫·马赫带摩. 调控理论: 委托—代理模型 [M]. 北京: 中国人民大学出版社, 2002.

[70] 卡莫纳等编著. 城市设计的维度: 公共场所—城市空间 [M]. 冯江等译. 南京: 江苏科学技术出版社, 2005.

[71] Ellickson R. C., Tarlock A. D. Land-Use Controls: Cases and Materials [M]. Aspen Publishers, 1981.

[72] Kruse M. 24th Smith-Babcock-Williams Student Writing Competition Winner: Constructing the Special Theater Subdistrict: Culture, Politics, and Economics in the Creation of Transferable Development Rights [J]. Urban Lawyer, 2008, 40 (1): 95-145.

[73] Glossary N. Z. http://www.nyc.gov/html/dcp/html/zone/glossary.shtml.

[74] Zoll S. Superville: New York-Aspects of Very High Bulk [J]. Massachusetts Review, 1973, 14 (3): 447-538.

[75] 法布士. 土地利用规划: 从全球到地方的挑战 [M]. 刘晓明等译. 北京: 中国建筑工业出版社, 2007.

[76] 亚历山大·加文. 美国城市规划设计的对与错 [M]. 黄艳等译. 北京: 中国建筑工业出版社, 2009.

[77] 凯文·林奇, 加里·海克. 总体设计 [M]. 黄富厢, 朱琪, 吴小亚译. 北京: 中国建筑工业出版社, 2004.

[78] 张大明. 活力的源泉——现代人事管理漫谈 [M]. 郑州: 河南人民出版社, 1988: 201.

[79] 威廉. 莱易斯. 自然的控制 [M]. 李建华译. 重庆: 重庆出版社, 1993.

[80] http://www.seattle.gov/dpd/Planning/LandUsePlanning/Zoning/default.asp.

[81] 保罗·R·伯特尼, 罗伯特·N·史蒂文斯主编. 环境保护的公共政策 [M]. 穆贤

清，方志伟译．上海：上海三联出版社，2004．

[82] 乔纳森·巴奈特．都市设计概论 [M]．谢庆达，庄建德译．台北：创兴出版社，1998．

[83] Costonis J. J. Development Rights Transfer：An Exploratory Essay [J]．The Yale Law Journal，1973，83（1）：75-128．

[84] http：//www. mass. gov/envir/smart _ growth _ toolkit/pages/CS-tdr-seattle. html.

[85] Elliott D. L. A Better Way to Zone：Ten Principles to Create More Livable Cities [M]．Island Press，2012．

[86] Cullingworth J. B. The Political Culture of Planning：American Land Use Planning in Comparative Perspective [M]．Routledge，2002．

[87] 陈晓丽主编．社会主义市场经济条件下城市规划工作框架研究 [M]．北京：中国建筑工业出版社，2007：145．

[88] 丁致成．城市多赢策略——都市计画公共利益 [M]．台北：创兴出版社，1997：7-40．

[89] 石楠．Zoning 区划控制性详规 [J]．城市规划，1992（2）：53-57．

[90] Bryden R. M. Zoning：Rigid，Flexible，or Fluid [J]．J. urb. l，1966．

[91] 侯丽．美国"新"区划政策的评介 [J]．城市规划学刊，2005（3）：36-42．

[92] http：//www. tenant. net/Other _ Laws/zoning/zontoc. html.

[93] Ford G. B.，Swan H. S. Building Zones：A Handbook of Restrictions on the Height，Area and Use of Buildings，with Especial Reference to New York City [M]．Lawyers Mortgage Company，1917．

[94] 梁江，孙晖．城市土地使用控制的重要层面：产权地块——美国分区规划的启示 [J]．城市规划，2000（6）：40-42．

[95] Commision C. P.，Planning D. O. C. The City of New York [J]．Zoning Maps and Resolution，1961．

[96] 李进之，王久华，李克宁等．美国财产法 [M]．北京：法律出版社，1998：4-5，18-19，167-168．

[97] 毛其智．从德美两国城市土地利用规划试论西方现代城市规划的发展 [D]．北京：清华大学，1997．

[98] Siksna A. The Effects of Block Size and Form in North American and Australian City Centres [J]．Urban Morphology，1997（1）：19-33．

[99] 范润生．美国的城市开发控制体系以及对于中国的借鉴之处 [D]．上海：同济大学，2001．

[100] http：//www. china-up. com/international/message/showmessage. asp？ id＝982．

[101] 田莉．美国区划的尴尬 [J]．城市规划汇刊，2004（4）：58-60．

[102] 孟德斯鸠．论法的精神（上册）[M]．北京：商务印书馆，1982：154．

[103] 王晓民主编．议会制度及立法理论与实践纵横 [M]．北京：华夏出版社，2002：185-186．

[104] 谭君久. 当代各国政治体制 [M]. 兰州：兰州大学出版社，1998：65.

[105] 黄铁屿. 美国地方政府的组建、经营与公民参与 [R]，2008.

[106] 王旭. 美国城市发展模式：从城镇化到大都市区化 [M]. 北京：清华大学出版社，2006：358-359.

[107] 钱弘道. 英美法讲座 [M]. 北京：清华大学出版社，2004：225，336.

[108] 沈宗灵. 现代西方法理学 [M]. 北京：北京大学出版社，1997.

[109] 乔治·P·弗莱彻，史蒂夫·谢泼德. 美国法律基础解读 [M]. 李燕译. 北京：法律出版社，2005：66-69.

[110] 美国国务院国际信息局编. 美国法律概况 [M]. 金蔓丽译. 沈阳：辽宁教育出版社，2006.

[111] 沈宗灵. 比较法总论 [M]. 北京：北京大学出版社，1998：328.

[112] 左大培，裴小革. 现代市场经济的不同类型——结合历史与文化的全方位探讨 [M]. 北京：经济科学出版社，1996：8.

[113] 伯纳德·施瓦茨. 美国法律史 [M]. 王军译. 北京：中国政法大学出版社，1989.

[114] 秦明周等主编. 美国的土地利用与管制 [M]. 北京：科学出版社，2004：17，26-27.

[115] 张卓元等. 市场经济概论 [M]. 北京：北京工业大学出版社，1994：45-46.

[116] 美国国务院国际信息局. 美国经济概况 [M]. 杨俊峰，王英伟译. 沈阳：辽宁教育出版社，2003.

[117] 马炳全，张小华编著. 商品经济下的土地使用制度 [M]. 北京：中国农业科技出版社，1990.

[118] 田莉. 有偿使用制度下的土地增值与城市发展——土地产权的视角分析 [M]. 北京：中国建筑工业出版社，2008：9.

[119] 陈华彬. 土地所有权理论发展之动向 [M]. 北京：法律出版社，1999.

[120] 吴清旺，贺丹青. 房地产开发中的利益冲突与衡平——以民事权利保障为视角 [M]. 北京：法律出版社，2005.

[121] 克里·贝特等. 财产法：案例与材料 [M]. 齐东祥，陈刚译. 北京：中国政法大学出版社，2003.

[122] 管理协会国际城市县，美国规划协会. 地方政府规划实践 [M]. 张永刚，施源，陈贞译. 北京：中国建筑工业出版社，2006.

[123] http://www.vazyvite.com/html/new-york/new_york.htm.

[124] 约翰·M·利维. 现代城市规划 [M]. 第五版. 北京：中国人民大学出版社，2003：13-72.

[125] Kootstra G. Daemen J. H., Oomen A. P. The Emergence of Private Land Use Controls in Large-Scale Subdivisions：The Companion Story to Village of Euclid V. Ambler Reality Co [J]. Transplantation Proceedings，2001，27（5）：2893-2894.

[126] http://www.nyc.gov/html/dcp/html/zone/zonehis.shtml.

[127] 李恒. 美国区划发展历史研究 [D]. 北京：清华大学，2007.

[128] 罗杰·特兰西克. 找寻失落的空间——都市设计理论 [M]. 谢庆达译. 台北：田园城市文化事业有限公司，1996.

[129] Harrison, Ballard, Allen. Plan for Rezoning the City of New York [M]. New York：New York City Planning Commission，1950.

[130] 乔治·J·兰克维奇. 纽约简史 [M]. 辛亨复译. 上海：上海人民出版社，2005.

[131] http：//www. nypap. org/archives/129.

[132] Marcus N. New York City Zoning——1961-1991：Turning Back the Clock——But with an Up-to-the-Minute Social Agenda [J]. Fordham Urban Law Journal，1992：707.

[133] 王旭. 美国城市发展模式——从城镇化到大都市区化 [M]. 北京：清华大学出版社，2006：186.

[134] 谢芳. 回眸纽约 [M]. 北京：中国城市出版社，2002：38.

[135] http：//caselaw. lp. findlaw. com/scripts/getcase. pl？court＝US&vol＝348&invol＝26.

[136] 李艳玲. 美国城市更新运动与内城改造 [M]. 上海：上海大学出版社，2004：78，77-84，105.

[137] Agency H. A. H. F. 16th Annual Report [R]，1962.

[138] 梁鹤年. 经济·土地·城市 [M]. 台北：商务印书馆，2008.

[139] Schwieterman J. P. ，Caspall D. M. ，Heron J. The Politics of Place：A History of Zoning in Chicago [M]. Lake Claremont Press，2006.

[140] Whyte W. H. Rediscovering the Center City [M]. New York：Doubleday，1988.

[141] 克莱尔·库珀·马库斯，卡罗琳·弗朗西斯. 人性场所 [M]. 俞孔坚，孙鹏译. 北京：中国建筑工业出版社，2001.

[142] Lassar T. J. ，Institute U. L. Carrots & Sticks：New Zoning Downtown [M]. Urban Land Institute，1989：21.

[143] Department C. C. O. S. San Fransico Planning Code，Article 1. 2-Dimensions，Areas，and Open Spaces [S].

[144] Vettel S. L. San Francisco's Downtown Plan：Environmental and Urban Design Values in Central Business District Regulation [J]. Ecology L. q，1985，12 (3)：511-566.

[145] Benson D. J. Bonus or Incentive Zoning—Legal Implications [J]. Syracuse L. Rev. ，1969 (21)：895.

[146] 乔纳森·巴奈特. 开放的都市设计程序 [M]. 舒达恩译. 台北：尚林出版社，1983.

[147] Schiffman I. Alternative Techniques for Managing Growth [J]. Berkeley Public Policy，2001.

[148] Craig D. W. Planned Unit Development as Seen from City Hall [J]. U. Pa. l. Rev，1965，114 (1)：127-135.

[149] Hanke B. R. Planned Unit Development and Land Use Intensity [J]. University of

Pennsylvania Law Review，1965，114（1）：15-46.

[150] 托马斯·R·戴伊. 理解公共政策［M］. 彭勃等译. 北京：华夏出版社，2004.

[151] 罗伯特·布鲁格曼. 城市蔓延简史［M］. 吕晓惠，许明修，孙晶译. 北京：中国电力出版社，2009.

[152] Mumford L. The Urban Prospect：Essays［M］. Harcourt，Brace & World，1968.

[153] Richards D. A. Development Rights Transfer in New-York-City［Z］，1972：82，338-372.

[154] 金广君，戴铜. 我国城市设计实施中"开发权转让计划"初探：2007 中国城市规划年会［C］. 哈尔滨，2007.

[155] Merriam D. H. Making TDR Work［J］. N. c. l. Rev，1978.

[156] Costonis J. J. The Chicago Plan：Incentive Zoning and the Preservation of Urban Landmarks［J］. Harvard Law Review，1972：574-634.

[157] 斯内德科夫. 文化设施的多用途开发［M］. 梁学勇，杨小军，林璐译. 北京：中国建筑工业出版社，2008.

[158] 雷春浓编著. 高层建筑设计手册［M］. 北京：中国建筑工业出版社，2002：57.

[159] 刘绪贻，杨生茂主编. 美国通史（第 5 卷）［M］. 北京：人民出版社，2001：19，92.

[160] http：//ceq. hss. doe. gov/nepa/regs/nepa/nepaeqia. htm.

[161] Schnidman F. Transferable Development Rights：An Idea in Search of Implementation［J］. Land & Water L. Rev，1976.

[162] Pennsylvania B. T. Zoning Ordinance Relation to Transferable Development Rights［EB/OL］. http：//smartpreservation. net/buckingham-township-bucks-county-pennsylvania/.

[163] Pruetz R. Saved by Development：Preserving Environmental Areas，Farmland and Historic Landmarks With Transfer of Development Rights［Z］，1997.

[164] Helb J. V. ，Reifer J. M. The Legislative Development and Consideration of the New Jersey T D R［Z］. Proposal：Assembly Bill 3192，1975.

[165] 张志红. 当代中国政府间纵向关系研究［M］. 天津：天津人民出版社，2005.

[166] 吕斌，张忠国. 美国城市成长管理政策研究及其借鉴［J］. 城市规划，2005（3）：44-48.

[167] 李强，杨开忠. 城市蔓延［M］. 北京：机械工业出版社，2006：54-63.

[168] 哈米德·胥［M］. 谢庆达译. 台北：创兴出版社，1990.

[169] Loveman C. E. ，Kosmont L. J. A Review of TFAR Pricing：What's Fair for the Buyer，Seller and Public［R］? The Planning Report，1990.

[170] Seattle's Transferable Development Rights（TDR）and Housing Bonus Programs［R］. Photo of Stewart Court Seattle Office of Housing，1984.

[171] 约翰·彭特. 美国城市设计指南——西海岸五城市的设计政策与指导［M］. 庞玥译. 北京：中国建筑工业出版社，2006.

[172] 林元兴，陈贞君. 容积移转与古迹保存［J］. 中国土地科学，1999（5）：14-18.

[173] McConnell V. D. , Walls M. , Kelly F. Markets for Preserving Farmland in Maryland: Making TDR Programs Work Better [M]. Harry R. Hughes Center for Agro-Ecology, Incorporated, 2007.

[174] http://www. nj. gov/pinelands/cmp/ma.

[175] Boulder County Land Use Department. Boulder County Comprehensive Plan-Goals, Policies, and Maps Element [R]. 2th Edition. Land Use Department, 2015.

[176] http://www. trpa. org/default. aspx? tabindex=5&tabid=95.

[177] Ellul J. The Technological Society [J]. Government & Opposition, 1964, 7 (1): 56-84.

[178] Diamond H. L. , Noonan P. F. Land Use in America [M]. Island Press, 1996.

[179] Fulton W. , Mazurek J. , Pruetz R. , et al. TDRs and Other Market-Based Land Mechanisms: How They Work and Their Role in Shaping Metropolitan Growth [J]. Washington, 2004.

[180] Westa S. TDR—A Tool for Focusing Growth & Conservation [R]. Green Valley Institute, 2007.

[181] 理查德·C·科林斯,伊丽莎白·B·沃特斯,布鲁斯·多特森. 旧城再生——美国城市成长政策与史迹保存 [M]. 邱文杰,陈宇进译. 台北:创兴出版社,1997.

[182] Deflorio J. Incentive Zoning and Environmental Quality in Boston's Fenway Neighborhood [J]. Massachusetts Institute of Technology, 2008.

[183] 吉勒姆. 无边的城市——论战城市蔓延 [M]. 叶齐茂,倪晓晖译. 北京:中国建筑工业出版社,2007.

[184] 戴铜,金广君. 开发权转让的调控模式及途径选择 [J]. 城市建筑,2010 (2): 97-99.

[185] Donovan D. , Appraiser F. R. Appraisal Guidelines——For Development Potential [R]. State Transfer of Development Rights Bank,1999.

[186] 伯克等编著. 城市土地使用规划 [M]. 原著第五版. 吴志强译制组译. 北京:中国建筑工业出版社,2009.

[187] http://www. trpa. org/default. aspx? tabid=187.

[188] McConnell V. D. , Walls M. , Kelly F. Markets for Preserving Farmland in Maryland: Making TDR Programs work Better [M]. Harry R. Hughes Center for Agro-Ecology, Incorporated, 2007.

[189] Danels P. , Magida L. Application of Transfer of Development Rights to Inner City Communities: A Proposed Municipal Land Use Rights Act [J]. Urban Lawyer, 1979, 11 (1): 124-138.

[190] 麦可比. 中心城区开发设计手册 [M]. 原著第二版. 杨至德,李其亮,李旦译. 北京:中国建筑工业出版社,2008.

[191] 杨军. 美国五个城市现行区划法规内容的比较研究 [J]. 规划师,2005 (9): 14-18.

[192] 艾瑞克·洪伯格. 纽约地标——文化和文学意象中的城市文明 [M]. 瞿荔丽译. 长沙：湖南教育出版社，2006.

[193] 诺斯. 经济史中的结构与变迁 [M]. 上海：上海三联书店，1991：27.

[194] 胡春风主编. 自然辩证法导论 [M]. 上海：上海人民出版社，2007：80-91.

[195] 高振荣，陈以新. 信息论、系统论、控制论 120 题 [M]. 北京：解放军出版社，1987：90-92.

[196] 王余华. 浅谈系统的基本特征及其方法论的意义 [D]//哲学论文集：学习·实践·思考·泰州市哲学学会.

[197] 廖泉文. 管理系统工程概论 [M]. 南昌：江西人民出版社，1989：5-8.

[198] 陈念文等主编. 技术论 [M]. 长沙：湖南教育出版社，1987：31.

[199] 王树恩，陈士俊主编. 科学技术论与科学技术创新方法论 [M]. 天津：南开大学出版社，2001：154-155.

[200] 黄顺基主编. 自然辩证法概论 [M]. 北京：高等教育出版社，2004：204.

[201] Barrese J. T. Efficiency and Equity Considerations in the Operation of Transfer of Development Rights Plans [J]. Land Economics，1983，59 (2)：235-241.

[202] Machemer P. L. , Kaplowitz M. D. A Framework for Evaluating Transferable Development Rights Programmes [J]. Journal of Environmental Planning & Management，2002，45 (6)：773-795.

[203] Highlands Ecosystem Management Technical Report [R]. State of New Jersey Highlands Water Protection and Planning，2008.

[204] Daniels T. , Bowers D. Holding Our Ground：Protecting America's Farms and Farmland [M]. Island Press，1997：180.

[205] Panayotou T. Conservation of Biodiversity and Economic Development：The Concept of Transferable Development Rights [J]. Environmental & Resource Economics，1994，4 (1)：91-110.

[206] http：//www. kingcounty. gov/environment/stewardship/sustainable-building/transfer-development-rights/market-info/market-charts. aspx.

[207] http：//www. encyclopedia. chicagohistory. org/pages/1401. html.

[208] Ward D. , Zunz O. The Landscape of Modernity：New York City，1900-1940 [M]. Johns Hopkins University Press，1997：67.

[209] Lindsey G. Sustainability and Urban Greenways：Indicators in Indianapolis [J]. Journal of the American Planning Association，2010，69 (2)：165-180.

[210] Schively C. Sustainable Development as a Policy Guide：An Application to Affordable Housing in Island Communities [J]. Environment Development & Sustainability，2008，10 (6)：769-786.

[211] 谭斌昭. 技术概念与技术哲学的核心问题 [J]. 山东科技大学学报（社会科学版），2005 (1)：14-16.

[212] 唐纳德·埃利奥特. 美国的土地利用法体系 [J]. 国外城市规划，1995 (2)：

2-11.

[213] 梁小民编著.企业家的经济学 [M].北京：中国物资出版社，1998：168.

[214] 伦纳德·奥托兰诺.环境管理与影响评价 [M].郭怀成，梅凤乔译.北京：化学工业出版社，2004.

[215] 王郁.开发利益公共还原理论与制度实践的发展——基于美英日三国城市规划管理制度的比较研究 [J].城市规划学刊，2008（6）：40-45.

[216] 徐志宏主编."邓小平理论和'三个代表'重要思想概论"疑难解析 [M].北京：中国人民大学出版社，2004：326.

[217] Dealing with Growth：Alternatives to Large Lot Zoning on the Urban Fringe [R]. Southeastern Regional Environmental Finance Center University of Louisville.

[218] http：//www. dlc. org/ndol＿ci. cfm？kaid＝139＆subid＝274＆contentid＝250739.

[219] Yaro R. D.，Pirani R.，Nicholas J. Transfer of Development Rights for Balanced Development [J]. European Journal of Cancer Supplements，1998，7（2）：28-29.

[220] Calvert County Land Preservation，Parks and Recreation Plan [R]. Board of County Commissioners，2006.

[221] 赵民，韦湘民.加拿大的城市规划体系 [J].城市规划，1999（11）：26-28.

[222] Taves L. Density Bonus as a Tool for Green Space Conservation [D]. Simon Fraser University，2002.

[223] 西村幸夫，历史街区研究会编著.城市风景规划——欧美景观控制方法与实务 [M].张松，蔡敦达译.上海：上海科学技术出版社，2005.

[224] 陈华彬.建筑物区分所有权研究 [M].北京：法律出版社，2007：110-111.

[225] 张瑞云.我国容积移转法制之研究——兼与日本容积移转制度之比较 [D].台湾政治大学，2007.

[226] 台湾《都市计划容积转移实施办法》第五条第二款（台（88）内营字第8872676号）[S].台北：詹氏书局，1999.

[227] 金广君，戴铜.台湾地区容积转移制度解析 [J].国际城市规划，2010（4）：104-109.

[228] 李文胜编著.都市审议相关奖励性法规汇编 [M].台北：詹氏书局，2001：9.

[229] 茂荣书局编.都市更新相关法规 [M].台北：茂荣书局，2006：2.

[230] 黄舜铭.大稻埕历史风貌特定专用区容积转移机制之研究 [D].台湾科技大学，2003.

[231] 台北市政府都市发展局网站容积转移案公告 [EB/OL]. http：//www. udd. taipei. gov. tw.

[232] 姚开建.论市场与市场经济范畴 [J].河北经贸大学学报，1999（2）：21-27.

[233] 梁鹤年.社会主义市场经济与资本主义市场经济在城市土地开发上的意义 [J].城市发展研究，1995（4）：14-16.

[234] 汪育俊编著.社会主义市场经济理论 [M].北京：时事出版社，1998：6-7.

[235] 于颖，方丽玲主编.政治经济学 [M].大连：东北财经大学出版社，2004：221.

[236] 乔恩·朗. 城市设计：美国的经验［M］. 王翠萍，胡立军译. 北京：中国建筑工业出版社，2008.

[237] 詹克斯等. 紧缩城市——一种可持续发展的城市形态［M］. 周玉鹏等译. 北京：中国建筑工业出版社，2004.

[238] 边绪奎等主编. 产权经济概论［M］. 沈阳：辽宁大学出版社，1996：91.

[239] Pruetz R.，Standridge N. What Makes Transfer of Development Rights Work：Success Factors from Research and Practice［J］. Journal of the American Planning Association，2009，75（1）：78-87.

[240] Bratton N.，Eckert J，Fox N.，et al. Alternative Transfer of Development Rights（TDR）Transaction Mechanisms［J］，2008.

[241] Johnston R. A.，Madison M. E. From Land Marks to Landscapes：A Review of Current Practices in the Transfer of Development Rights［J］. Journal of the American Planning Association，1997，63（3）：365-378.